软件接口测试技术

主　　编：樊利军
副主编：魏　昊　吕　曦

重庆大学出版社

内容提要

本书是基于工作过程系统化开发的活页式教材,内容包括 Postman 测试用户管理系统、JMeter 测试学院信息系统、Python 自动化测试用户管理系统 3 个项目,每个项目依据软件接口测试的工作流程分为"配置测试环境、编写测试计划、设计测试用例、执行测试用例、编写测试报告"五个典型工作环节,每个项目典型工作环节按照"资讯、计划、决策、实施、检查、评价"六个阶段组织教学内容,同时本书融入《Web 应用程序测试职业等级标准》中软件接口测试对应的知识点。

本书可作为高职软件接口测试技术课程教材,也可以作为 Web 应用程序测试 1+X 职业技能等级证书相关教学和培训教材,还可作为软件测试领域相关技术人员的自学参考书。

图书在版编目(CIP)数据

软件接口测试技术 / 樊利军主编. -- 重庆 : 重庆
大学出版社,2023.4
ISBN 978-7-5689-3811-2

Ⅰ. ①软… Ⅱ. ①樊… Ⅲ. ①软件工具—程序设计—
高等职业教育—教材 Ⅳ. ①TP311.561

中国国家版本馆 CIP 数据核字(2023)第 053948 号

软件接口测试技术

主 编 樊利军
策划编辑:苟荟羽

责任编辑:何雅棋   版式设计:苟荟羽
责任校对:刘志刚   责任印制:张 策

*

重庆大学出版社出版发行
出版人:饶帮华
社址:重庆市沙坪坝区大学城西路 21 号
邮编:401331
电话:(023) 88617190   88617185(中小学)
传真:(023) 88617186   88617166
网址:http://www.cqup.com.cn
邮箱:fxk@ cqup.com.cn(营销中心)
全国新华书店经销
重庆市国丰印务有限责任公司印刷

*

开本:787mm×1092mm   1/16   印张:13.5   字数:340 千
2023 年 4 月第 1 版   2023 年 4 月第 1 次印刷
印数:1—1 500
ISBN 978-7-5689-3811-2   定价:49.00 元

前　言

软件测试是使用人工或自动的手段来运行或测定某个软件系统的过程,其目的在于检验它是否满足规定的需求或弄清预期结果与实际结果之间的差别。它是软件开发的重要组成部分,贯穿整个软件生命周期。随着技术的发展,现在很多系统前后端架构是分离的,从安全层面来说,只依赖前端进行限制已经完全不能满足系统的安全要求,需要后端同样进行控制,在这种情况下就需要从接口层面进行测试验证。

随着中国软件行业的迅猛发展,行业对测试人员需求的激增,特别是具备接口测试、性能测试和自动化测试能力的中高级测试人员严重供不应求,而目前市面上接口测试、性能测试和自动化测试的相关教材很少。因此,北京工业职业技术学院组织了教师和企业一起编写了这本软件接口测试教材,教材以就业为导向,以能力为本位,为培养高素质技能型专业人才服务,反映产业升级、技术进步和职业岗位变化的要求,努力体现新知识、新技术、新工艺和新方法。

本书是基于工作过程系统化课程开发的活页式教材,内容分为Postman 测试用户管理系统、JMeter 测试学院信息系统、Python 自动化测试用户管理系统 3 个项目,每个项目依据软件接口测试的工作流程组织构建课程内容,分为配置测试环境、编写测试计划、设计测试用例、执行测试用例、编写测试报告五个典型工作环节,包括了常用接口测试工具Postman、JMeter、Python 安装和环境配置,根据需求报告和接口 API 文档编写测试计划,接口测试用例设计和编写方法,测试工具软件的使用,接口集成测试和编写测试报告等工作过程。

在每个项目典型工作环节上按照资讯、计划、决策、实施、检查、评价六个阶段组织教学内容,使学生的学习过程和工作过程一致,学习任务和工作任务一致,通过具体完整的工作活动,从中获取工作过程知识,全面提升学生综合职业能力。随着“1+X”职业等级证书制度试点推广,为了便于学生更好地参加职业技能等级考试,书中融入了《Web 应用程序测试职业技能等级标准》对应知识点。

本书由樊利军任主编,魏昊、吕曦任副主编,程一玮、李娜、程韦、张小燕等参与编写,感谢北京保新锐智科技有限公司的倾力支持;感谢闫智勇博士的指导;感谢家人的大力支持。

由于软件接口测试技术的发展日新月异,加之编者水平有限,书中不妥之处在所难免,恳请广大读者批评指正。

编　者
2023 年 1 月

目　录

项目一　Postman 测试用户管理系统

项目描述

　　用户管理系统的功能主要是对用户信息(id、名称、年龄和余额)进行查询、修改和上传文件等。通过分析用户管理系统的接口 API 文档,利用工具软件 Postman 和 Newman 对项目的 6 个接口模块进行接口功能测试和集成自动化测试。掌握软件接口测试中测试环境安装与配置、测试计划书编写、测试用例设计和编写、测试用例执行、编写测试报告等典型工作环节的工作流程。

项目一参考资料

　　项目在实施过程中,每个典型工作环节课时安排如下:

序号	典型工作环节	课时
1	配置测试环境	2
2	编写测试计划	4
3	设计测试用例	4
4	执行测试用例	10
5	编写测试报告	4
总课时		24

典型工作环节一　配置测试环境

工作任务单(表 1.1.1)

表 1.1.1　工作任务单

项目一	Postman 测试用户管理系统		
典型工作环节一	配置测试环境	学时	2 学时
任务描述	(1)了解接口测试基础知识 (2)分析 HTTP 协议请求和响应信息 (3)安装测试工具软件 Postman (4)安装集成测试工具 node.js、Newman 软件和 html 报告生成软件 (5)安装 Python 软件 (6)配置用户管理系统		

续表

学习目标	(1)了解软件应用程序编程接口(API)基本概念、接口分类和接口测试目的 (2)分析 HTTP 协议的请求和响应主要内容 (3)Windows 环境安装接口测试工具软件 Postman (4)Windows 环境安装集成测试工具 node.js、Newman 和 html 报告生成软件 (5)Windows 环境安装 Python 软件 (6)配置用户管理系统
提交成果	(1)任务实施计划表 (2)任务实施决策表 (3)工作过程记录表 (4)项目部署和配置表

一、资讯

1.接口的基础知识

生活中常见的接口主要包括硬件接口和软件接口,如表 1.1.2 所示。硬件接口指的是两个硬件设备之间的连接方式,它既包括物理上的接口,还包括逻辑上的数据传送协议。软件接口是指两个不同的系统或一个系统的两个不同的功能模块之间相互连接的部分。在软件测试中,常见的软件接口有两种:一种是图形用户接口(Graphical User Interface,GUI),它是人与软件之间的交互界面,另一种是应用程序编程接口(Application Programming Interface,API)。

表 1.1.2　常见接口类型

类型	内容	
硬件接口		
软件接口		

应用程序编程接口(API)是一组定义、程序及协议的集合,是用来提供应用程序与开发人员基于某软件或硬件得以访问的一组例程,而又无须访问源代码,或了解内部工作机制的细节。API可实现计算机软件之间的相互通信,它的一个主要功能是提供通用功能集。API同时也是一种中间件,为各种不同平台提供数据共享。良好的接口设计可以降低系统各部分的相互依赖,提高组成单元的内聚性,降低组成单元间的耦合程度,从而提高系统的可维护性和可扩展性。

2. 接口的分类

API作为应用程序编程接口,可以使用不同的编程语言进行API的开发,另外接口的表现形式也不同,最常用的接口形式见表1.1.3。

表 1.1.3　接口分类表

序号	接口	基于或支持的协议	描述
1	HTTP 接口	HTTP 协议	HTTP 是基于超文本传输协议开发的接口,是使用广泛、轻量级、跨平台、跨语言的,一般第三方提供的 API 都会有 HTTP 版本的接口
2	RPC 接口	HTTP、TCP、UDP、自定协议	RPC 技术是指远程过程调用,它本质上是一种 Client/Server 模式,可以像调用本地方法一样去调用远程服务器上的方法,支持多种数据传输方式(JSON、XML、Binary、Protobuf 等)
3	Web Service 接口	基于 HTTP 协议的 SOAP 协议的封装和补充	Web Service 其实是一种概念,用户可以将以 Web 形式提供的服务称为 Web Service,所以像 RESTful、XML-RPC、SOAP 等都可以是 Web Service 的一种实现方式
4	RESTful	HTTP 协议	它不是一种规范,而是一种设计准则,描述了一个架构样式的网络系统。REST 专门针对网络应用设计和开发方式,可降低开发的复杂性,提高系统的可伸缩性
5	WebSocket	UDP、TCP	它是一个底层的双向通信协议,适用于客户端和服务器端之间进行信息实时交互
6	FTP	TCP/IP 协议组中的协议之一	FTP 协议(文件传输协议)包括两个组成部分,其一为 FTP 服务器,其二为 FTP 客户端。其中 FTP 服务器用来存储文件

基于浏览器/服务器模式(Brower/Server, B/S)的软件系统接口大多数为 HTTP(HyperText Transfer Protocol, HTTP)接口,本书重点介绍 HTTP 接口的测试方法。

3. 接口测试

接口测试是测试系统组件间接口的一种测试,主要用于测试系统与外部其他系统之间的接口,以及系统内部各个子模块之间的接口。测试的重点是要检查接口参数传递的正确性,接口功能实现的正确性,输出结果的正确性,以及对各种异常情况的容错处理的完整性和合理性。

接口测试的目的主要有以下几个方面：

①能够提早发现 Bug,符合质量控制前移的理念。

②接口测试低成本高效益,因为接口测试可以自动化并且是持续集成的。

③接口测试从用户的角度对系统接口进行全面检测。实际项目中,接口测试会覆盖一定程度的业务逻辑。

4. HTTP 协议

HTTP 协议是 Hyper Text Transfer Protocol(超文本传输协议)的缩写,是用于从万维网(World Wide Web,WWW)服务器传输超文本到本地浏览器的传送协议。

HTTP 是一个基于 TCP/IP 通信协议来传递数据(HTML 文件、图片文件、查询结果等)的协议。

HTTP 是一个属于应用层的面向对象的协议,由于其简单、快速的方式,适用于分布式超媒体信息系统。HTTP 协议工作于客户端-服务端架构,浏览器作为 HTTP 客户端通过 URL 向 HTTP 服务端(Web 服务器)发送所有请求,Web 服务器接收到请求后向客户端发送响应信息。

（1）HTTP 的主要特点

HTTP 的主要特点见表1.1.4。

表 1.1.4　HTTP 主要特点

特点	内容
简单快速	客户向服务器请求服务时,只需传送请求方法和路径。请求方法常用的有 GET、POST、PUT 等。每种方法规定了客户与服务器联系的类型不同。因 HTTP 协议简单,使 HTTP 服务器的程序规模小,故通信速度很快
灵活	HTTP 允许传输任意类型的数据对象。正在传输的类型由 Content-Type 加以标记
无连接	无连接的含义是限制每次连接只处理一个请求。服务器处理完客户的请求,并收到客户的应答后,即断开连接。采用这种方式可以节省传输时间
无状态	HTTP 协议是无状态协议。无状态是指协议对于事务处理没有记忆能力。缺少状态意味着如果后续处理需要前面的信息,则它必须重传,这样可能导致每次连接传送的数据量增大。另一方面,在服务器不需要先前信息时它的应答就较快
模式	支持 B/S 及 C/S 模式

（2）URL

HTTP 使用统一资源标识符(Uniform Resource Identifier,URI)来传输数据和建立连接。统一资源定位符(Uniform Resource Locator,URL)是一种特殊类型的 URI,包含了用于查找某个资源的足够的信息,是互联网上用来标识某一处资源的地址。

一个完整的 URL 包括 7 个部分,它的语法格式为(方括号为可选项):

Protocol://hostname[:port]/path/[;parametrs][? query]#fragment

具体内容如表 1.1.5 所示。

表 1.1.5　URL 组成

序号	组成部分	内容
1	协议 （protocol）	使用的传输协议,在互联网中可以使用多种协议,如 HTTP,HTTPS、FTP 等,在协议后面的"//"为分隔符
2	主机 （hostname）	存放资源的服务器的域名系统主机名或 IP 地址
3	端口号 （port）	端口是一个 URL 可选项,各种传输协议都有默认的端口号,如 HTTP 默认端口为 80,HTTPS 为 443。如果输入时省略,将采用默认端口号。主机名和端口之间使用":"作为分隔符
4	路径 （path）	URL 第一个"/"开始到最后一个"/"为止,是路径部分,一般用来表示主机上的一个目录或文件地址,它是 URL 可选项
5	参数 （parameters）	用于指定特殊参数的可选项,由服务器端程序自行解释
6	查询 （query）	从"?"开始到"#"为止之间的部分为查询部分,用于给动态网页传递参数,可以允许有多个参数,参数与参数之间用"&"作为分隔符,每个参数的名和值用"="隔开
7	信息片段 （fragment）	从"#"开始到最后的字符串,是信息片段,用于指定网络资源中的片段

以百度搜索为例,说明 URL 的各部分组成。在百度页面搜索 URL,得到结果如图 1.1.1 所示。

由上面 URL 可以看到的协议为 https;主机名为 www. baidu. com;端口省略,采用默认;查询有多个参数,用"&"符号进行分割,其中包括搜索关键字 wd=URL。

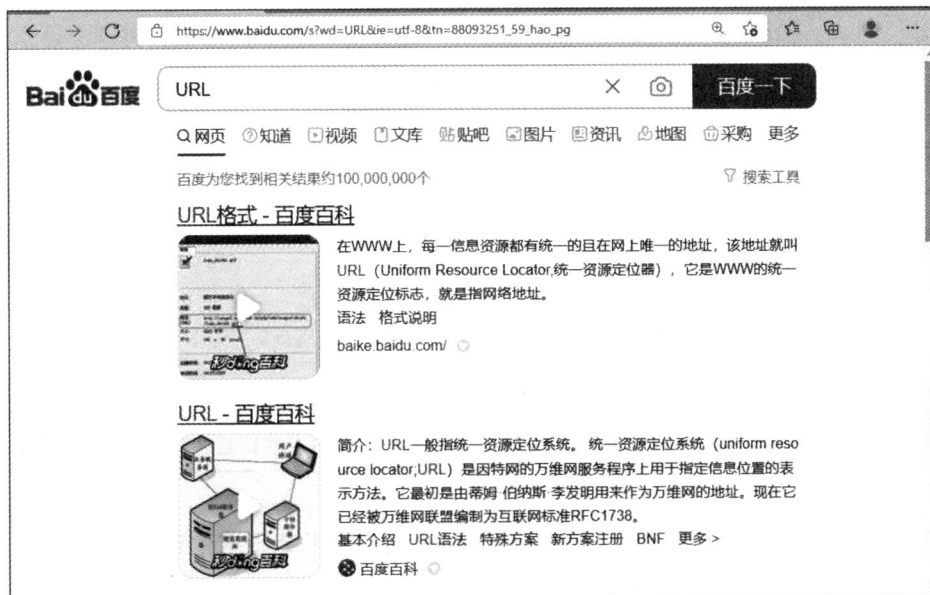

图 1.1.1　URL 组成

URL 可以写为 https://www.baidu.com/s? wd = url，也可以访问到数据，如图 1.1.2 所示。

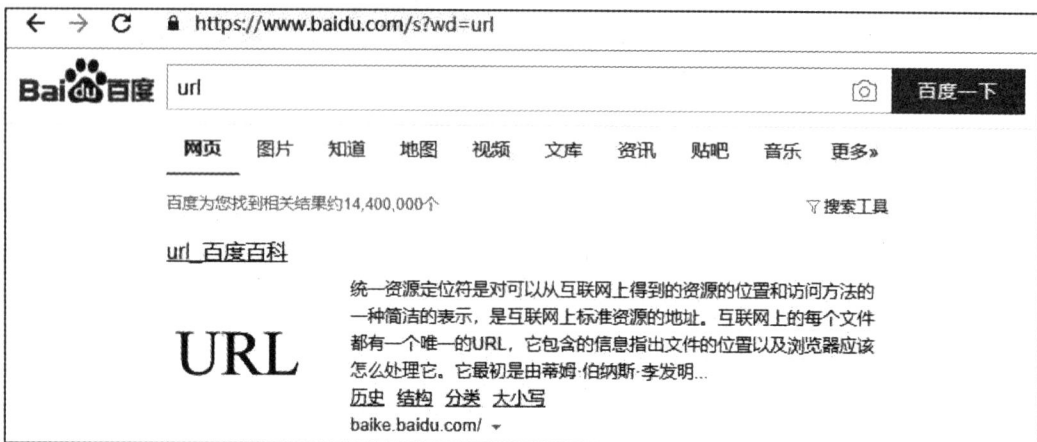

图 1.1.2　简写 URL

5.HTTP 协议请求

客户端发送一个 HTTP 请求到服务器，信息包括请求行、请求头部、空行和请求数据 4 个部分，每部分具体描述见表1.1.6。

表 1.1.6　HTTP 请求信息

类型	内容
请求行	第一行为请求行，请求行由请求方法字段、URL 字段和 HTTP 协议版本字段 3 个字段组成，它们用空格分隔。根据 HTTP 标准，HTTP 请求可以使用多种方法，如 GET、POST、PUT、DELETE 等
请求头部	请求头部从第二行起，用来通知服务器有客户端请求的信息。其主要由关键字/值组成，关键字和值之间用英文冒号":"分割，主要关键字如下： Connection：表示是否需要持续连接，一般这里的值为"keep-live" HOST：客户端访问的服务器的域名/IP 地址和端口号 User-Agent：浏览器表明自己的身份（是哪种浏览器） Accept：告诉服务器自己接受什么介质类型，*／* 表示任何类型 Accept-Encoding：浏览器说明自己接收的编码方法，通常指定压缩方法，是否支持压缩，支持什么压缩方法（gzip，deflate） Accept-Language：浏览器申明自己接收的语言 Content-Type：服务器告诉浏览器自己响应对象的类型 Content-Length：服务器告诉浏览器自己响应对象的长度或大小
空行	最后一个请求头之后是一个空行，发送回车符和换行符，通知服务器以下不再有请求头
请求数据	如果是 GET 请求，一般没有请求数据；POST 方法中请求数据是客户填写表单数据

下面通过 HTTP 发送 GET 请求和 POST 请求来分析 HTTP 请求信息。

（1）百度搜索发送 GET 请求

在百度搜索发送相应 GET 请求，使用工具软件 Fiddler 得到 HTTP 请求信息如图 1.1.3

所示。

图 1.1.3　GET 请求信息

如图 1.1.3 所示,第一行为请求行,包括请求方法 GET、请求的 URL 和 HTTP 协议标准,从第二行开始都是请求的头部信息,最后一行为空行部分,由于请求方法为 GET,请求数据为空。

（2）百度翻译发送 POST 请求

在百度翻译发送相应 POST 请求,使用工具软件 Fiddler 得到 HTTP 请求信息,如图 1.1.4 所示。

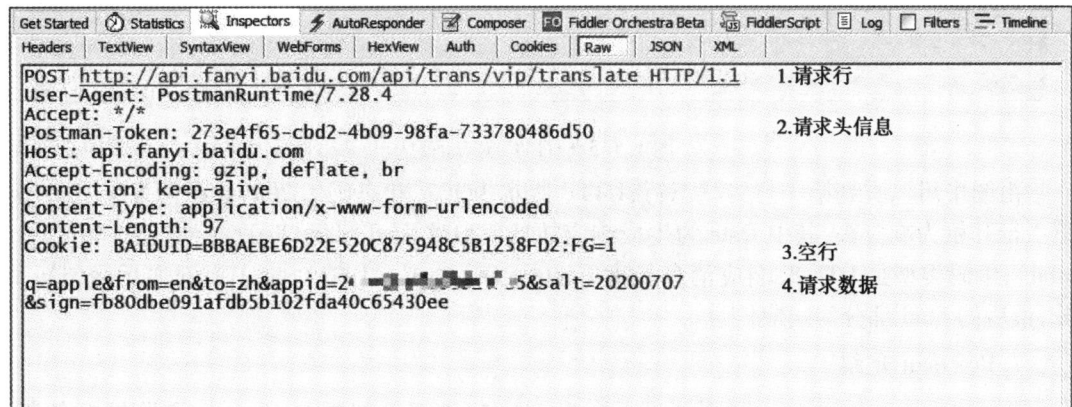

图 1.1.4　POST 请求信息

如图 1.1.4 所示,第一行为请求行,包括请求方法 POST、请求的 URL 和 HTTP 协议标准,从第二行到第十行是请求的头部信息,在头部信息结束后,有一行为空行部分,最后两行为请求数据的内容。

6.HTTP 协议响应

当服务器接收并处理客户端发过来的请求后,会返回一个 HTTP 的响应信息,HTTP 响应由 4 个部分组成,分别是:状态行、响应头、空行和响应信息,如表 1.1.7 所示。

表 1.1.7　HTTP 响应信息

状态行	由 HTTP 协议版本、状态码、状态消息三部分组成
响应头	响应头部信息和请求头部信息格式一样,都是由关键字/值组成,关键字和值之间用英文冒号":"分割,具体的响应头部信息关键字和请求头部信息关键字大部分是相同的,可以通过网络查询了解,这里不再赘述
空行	响应报头之后是一个空行
响应信息	空行之后是服务器向客户端返回的响应信息

图 1.1.5 是百度搜索发送 GET 请求(https://www.baidu.com/s? wd=url)的 HTTP 响应信息。

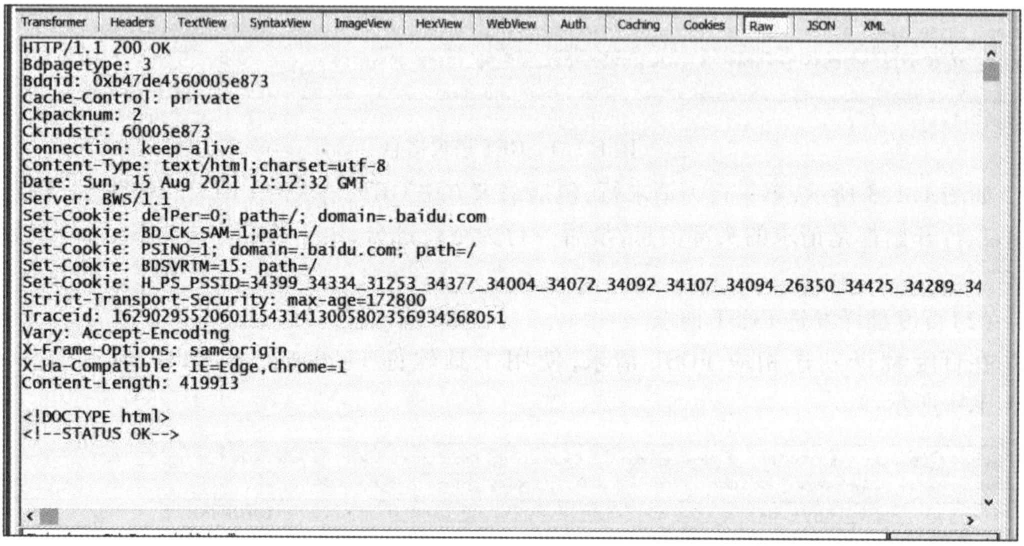

图 1.1.5　HTTP 响应信息

由图中可以看到第一行为状态行,HTTP 版本为 1.1,状态码为 200,状态消息为 OK。从第二行开始为响应头,其中 Date 为生成响应的日期和时间,Content-Type 类型是 HTML(text/html),编码类型是 UTF-8,响应消息长度 Content-Length 为 419913,响应头部之后是空行部分,最后的 html 部分为响应信息。

7. Postman 介绍

Postman 是一款强大的网页调试、测试工具,分为客户端版和 Chrome 浏览器插件版,Postman 客户端可以安装在 MacOS、Windows 和 Linux 不同操作平台下。Postman 为用户提供强大的 Web API & HTTP 请求调试和测试功能。Postman 能够发送任何类型的 HTTP 请求,附带任何数量的参数和请求头,是一款非常实用的调试和测试工具。

软件特点:

①支持各种请求类型:GET、POST、PUT、PATCH、DELETE 等。

②支持在线存储数据,通过账号就可以进行数据迁移。

③很方便地支持请求头 headers 和请求参数的设置。

④支持不同的认证机制,包括 Basic Auth,Digest Auth,OAuth 1.0,OAuth 2.0 等。

⑤响应数据是自动按照语法格式高亮的,包括 HTML,JSON 和 XML。

8. Newman 介绍

Newman 是 Postman 的命令行集合运行器,它允许用户直接从命令行运行和测试 Postman 集合,Newman 为 node.js 的第三方库,因此首先要安装 node.js 软件,然后利用 node 的 npm 命令安装 Newman。Postman 与 Newman 结合可以批量运行 API 达到 API 自动化测试的目的。

9. 用户管理系统

用户管理系统是基于 Python 环境的 Tornado 框架,项目可以部署到 Windows、Linux、Mac OS 等系统环境上,项目配置过程需要在 Python 环境中利用 pip 安装 Tornado 框架。

二、计划与决策

1. 计划

根据任务描述和资讯内容,对工作任务进行分析和分解,按照任务执行的顺序填写任务实施计划表(表1.1.8)。

表 1.1.8 任务实施计划表

项目一	Postman 测试用户管理系统		
典型工作环节一	配置测试环境		
计划制订方式			
序号	工作步骤	实施人	注意事项
1			
2			
3			
4			
5			
6			
7			
8			
9			

2.决策

根据任务实施计划和软件安装参考资料,下载 Postman、Node. js、Newman、html 报告生成包和 Python 的 Windows 安装包,填写任务实施决策表(表1.1.9)。

表 1.1.9　任务实施决策表

序号	软件名称	下载网址(建议从软件官网下载)	软件版本	备注
1				
2				
3				
4				
5				

三、工作任务实施

1.安装软件

参考软件安装教程,按任务计划表安装相应软件,安装成功后截图填写软件安装过程表(表1.1.10)。

表 1.1.10　软件安装过程表

序号	软件名称	截图
1		
2		
3		
4		
5		

2.部署和配置被测系统

在 Windows 系统部署和配置用户管理系统中,填写项目部署和配置过程表(表1.1.

11）。

表 1.1.11　项目部署和配置过程表

内容	实施步骤	截图	备注
Tornado 框架安装			
被测系统验证			

四、检查与评价

填写学习行动检查与评价表（表 1.1.12）。

表 1.1.12　学习行动检查与评价表

项目一	Postman 测试用户管理系统			
典型工作环节一	配置测试环境			
序号	具体任务	分值标准	学生自评	组内评价
1	下载软件 Java、Postman、Python、Node. js	10		
2	安装 Java	10		
3	安装 Python	10		
4	安装 Postman	10		
5	安装 Node. js	10		
6	安装 Newman 和 Html	10		
7	安装 Tornado 框架	10		
8	验证被测系统	10		
9	操作过程保持安静	5		
10	操作认真、严格按照流程进行	5		
11	软件截图清晰准确	10		
最终得分		100		
学生反思				

续表

项目一	Postman 测试用户管理系统
教师点评	

五、巩固练习

①HTTP 请求包括几个部分内容？HTTP 响应包括几个部分内容？

②简述 HTTP 请求方法和每个方法的功能。

③简述常见的 HTTP 状态码和分类。

典型工作环节二 编写测试计划

工作任务单(表 1.2.1)

表 1.2.1 工作任务单

项目一	Postman 测试用户管理系统		
典型工作环节二	编写测试计划	学时	4 学时
任务描述	(1)确定测试计划主要内容 (2)分析用户管理系统接口 API 文档 (3)根据 API 文档,提取各模块测试功能点和重点 (4)制订整体测试方案 (5)分析测试风险 (6)确定测试验收标准 (7)编写测试计划书		
学习目标	(1)了解软件测试计划包含主要内容 (2)分析接口模块 URL、请求参数、请求方法、前置条件和响应信息 (3)根据接口 API 文档,从接口模块的输入、业务逻辑、输出三个方面提取模块测试功能点和重点 (4)学会制订测试方案、分析测试风险和确定测试验收标准 (5)编写测试计划书		
提交成果	(1)任务实施计划决策表 (2)项目接口测试计划书		

一、资讯

测试计划是为了确认需求、确定测试环境及测试方法,为设计测试用例做准备,初步制订接口测试进度方案。接口测试计划包含概述、测试环境、测试功能及重点、测试策略、测试风险、测试标准等。

编写用户管理系统接口测试计划书需要分析用户管理系统接口 API 文档。

①获取用户信息 1(表 1.2.2)。

表 1.2.2 获取用户信息 1 接口信息表

类别	内容
描述	该接口用于通过 userid 获取用户信息
请求 URL	http://localhost:8081/getuser
请求方法	GET/POST

续表

类别	内容
请求参数	<table><tr><th>参数名</th><th>必选</th><th>类型</th><th>说明</th></tr><tr><td>userid</td><td>是</td><td>string</td><td>用户 ID</td></tr></table>

示例	请求:http://localhost:8081/getuser? userid=1
	返回:
	{
	    "age":18,
	    "code":200,
	    "id":"1",
	    "name":"小明"
	}

返回参数说明	<table><tr><th>参数名</th><th>类型</th><th>说明</th></tr><tr><td>code</td><td>int</td><td>状态码 200 为成功,500 为异常</td></tr><tr><td>age</td><td>int</td><td>年龄</td></tr><tr><td>id</td><td>string</td><td>用户 id</td></tr><tr><td>name</td><td>int</td><td>用户姓名</td></tr></table>
备注	更多返回错误代码请看首页的错误代码描述

②获取用户信息 2(表 1.2.3)。

表 1.2.3　获取用户信息 2 接口信息表

类别	内容
描述	获取用户信息:需要添加 header,Content-Type application/json
请求 URL	http://localhost:8081/getuser2
请求方法	GET
请求参数	<table><tr><th>参数名</th><th>必选</th><th>类型</th><th>说明</th></tr><tr><td>userid</td><td>是</td><td>string</td><td>用户 ID</td></tr></table>

续表

类别	内容

示例	请求:http://localhost:8081/getuser2? userid = 1
	返回:
	{
	　　　　"age" :18 ,
	　　　　"code" :200 ,
	　　　　"id" :"1" ,
	　　　　 "name" :"小明"
	　　}

返回参数说明	<table><tr><th>参数名</th><th>类型</th><th>说明</th></tr><tr><td>code</td><td>int</td><td>状态码 200 为成功，500 为异常</td></tr><tr><td>age</td><td>int</td><td>年龄</td></tr><tr><td>id</td><td>string</td><td>用户 id</td></tr><tr><td>name</td><td>int</td><td>用户姓名</td></tr></table>
备注	更多返回错误代码请看首页的错误代码描述

③获取用户余额(表 1.2.4)。

表 1.2.4　获取用户余额接口信息表

项目	内容
描述	获取用户余额:传入 userid 获取用户余额
请求 URL	http://localhost:8081/ getmoney
请求方法	POST
请求参数	<table><tr><th>参数名</th><th>必选</th><th>类型</th><th>说明</th></tr><tr><td>userid</td><td>是</td><td>string</td><td>用户 ID</td></tr></table>

示例	请求:http://localhost:8081/getmoney? userid = 1
	返回:
	{
	　　　　"code" :200 ,
	　　　　"id" :"1" ,
	　　　　"money" :"1000"
	　　}

续表

项目	内容		
返回参数说明	参数名	类型	说明
	code	int	状态码 200 为成功，500 为异常
	userid	int	用户 id
	money	string	余额
备注	请求参数为 JSON 格式		

④修改用户余额 1（表 1.2.5）。

表 1.2.5 修改用户余额 1 接口信息表

项目	内容		
描述	修改用户余额：需要有 http 权限验证，账号 admin 密码 123456		
请求 URL	http://localhost:8081/setmoney		
请求方法	POST		
请求参数	参数名	必选	类型	说明
	userid	是	string	用户 id
	money	是	int	修改后用户余额

示例	请求：http://localhost:8081/setmoney？userid＝1&money＝5000
	返回：
	{
	　　'code':200,
	　　'success':'成功'
	}		

返回参数说明	参数名	类型	说明
	code	int	状态码 200 为成功，500 为异常
	success	string	成功状态
备注	如果调用的时候传入的账号密码不对或者没传的话，返回权限验证失败		

⑤修改用户余额2(表1.2.6)。

表1.2.6 修改用户余额2信息表

项目	内容
描述	需要添加cookie,token=token12345
请求URL	http://localhost:8081/setmoney2
请求方法	POST
请求参数	<table><tr><th>参数名</th><th>必选</th><th>类型</th><th>说明</th></tr><tr><td>userid</td><td>是</td><td>string</td><td>用户id</td></tr><tr><td>money</td><td>是</td><td>int</td><td>修改后用户余额</td></tr></table>

示例	请求:http://localhost:8081/ setmoney2? userid=1&money=5000
	返回:
	{
	　'code':200,
	　'success':'成功'
	}

返回参数说明	<table><tr><th>参数名</th><th>类型</th><th>说明</th></tr><tr><td>code</td><td>int</td><td>状态码200为成功,500为异常</td></tr><tr><td>success</td><td>string</td><td>成功状态</td></tr></table>
备注	更多返回错误代码请看首页的错误代码描述

⑥上传文件(表1.2.7)。

表1.2.7 上传文件接口信息表

项目	内容
描述	上传文件:向服务器(127.0.0.1)指定目录传送文件
请求URL	http://localhost:8081/uploadfile
请求方法	POST
请求参数	<table><tr><th>参数名</th><th>必选</th><th>类型</th><th>说明</th></tr><tr><td>file</td><td>是</td><td>string</td><td>要上传的文件名</td></tr></table>

续表

项目	内容

返回示例	{
	'code':200,
	'success':'成功'
	}

返回参数说明	<table><tr><th>参数名</th><th>类型</th><th>说明</th></tr><tr><td>code</td><td>int</td><td>状态码 200 为成功，500 为异常</td></tr><tr><td>success</td><td>string</td><td>成功状态</td></tr></table>
备注	更多返回错误代码请看首页的错误代码描述

二、计划与决策

根据任务描述和资讯内容,通过搜索、查询测试计划包含的主要部分以及每部分编写主要内容,填写任务实施计划决策表(表1.2.8),其中工作步骤(填写测试计划标题)按照任务实施顺序填写。

表 1.2.8 任务实施计划决策表

项目一	Postman 测试用户管理系统		
典型工作环节二	编写测试计划		
计划决策方式			
序号	工作步骤	主要内容	编写人
1			
2			
3			
4			
5			
6			

续表

序号	工作步骤	主要内容	编写人
7			
8			
9			

三、工作任务实施

编写项目的测试计划（按照计划决策表的工作步骤编写）。

1. 概述

①测试目的和任务（表1.2.9）。

表 1.2.9　项目测试目的和任务

类别	内容
测试目的	
测试任务	

②参考资料（表1.2.10）。

表 1.2.10　参考资料

文档（版本/日期）	作者	备注
《_____需求文档.docx》		
《____接口 API 文档.docx》		

③测试应提交文档(表1.2.11)。

表1.2.11　测试提交文档

提交时间	编写人员	文档名称
年　月　日		＿＿＿＿＿测试计划
年　月　日		＿＿＿＿＿测试用例
年　月　日		＿＿＿＿＿测试报告

2. 测试资源

①测试资源(表1.2.12)。

表1.2.12　测试资源

类别	资源名称	资源说明
硬件环境	工作机	
	服务器	
软件环境	工作机操作系统	
	服务器操作系统	
测试工具	Postman	
	Newman	
	截图工具	

②测试组成员及分工(表1.2.13)。

表1.2.13　测试成员及分工

角色	人员	主要职责
测试负责人		
测试员		
测试员		

③测试里程碑计划(表1.2.14)。

表1.2.14　项目测试计划表

任务分解	工作量	开始时间	结束时间	负责人
集成/软件测试计划编写				
集成/软件测试计划评审				

任务分解	工作量	开始时间	结束时间	负责人
集成/软件测试用例设计				
集成/软件测试用例评审				
集成/软件测试用例执行				
集成/软件测试报告				
集成/软件测试问题修复验证				

3. 测试功能以及重点

（1）测试对象

测试组只对用户管理系统的 6 个接口模块的功能做测试,通过分析《用户管理系统接口API》文档,从每个接口模块的输入、业务逻辑、输出 3 个方面提取测试功能点和重点,填写以下表格。

（2）测试功能及重点

①获取用户信息 1（表 1.2.15）。

表 1.2.15　获取用户信息 1

项目	内容
测试目标	
测试范围	
技术	
接口 Case 示例	
完成标准	
测试重点和优先级	

②获取用户信息 2（表 1.2.16）。

表 1.2.16 获取用户信息 2

项目	内容
测试目标	
测试范围	
技术	
接口 Case 示例	
完成标准	
测试重点和优先级	

③获取用户余额（表 1.2.17）。

表 1.2.17 获取用户余额

项目	内容
测试目标	
测试范围	
技术	
接口 Case 示例	
完成标准	
测试重点和优先级	

④修改用户余额 1（表 1.2.18）。

表 1.2.18 修改用户余额 1

项目	内容
测试目标	
测试范围	

项目	内容
技术	
接口Case示例	
完成标准	
测试重点和优先级	

⑤修改用户余额2(表1.2.19)。

表1.2.19　修改用户余额2

项目	内容
测试目标	
测试范围	
技术	
接口Case示例	
完成标准	
测试重点和优先级	

⑥上传文件(表1.2.20)。

表1.2.20　上传文件

项目	内容
测试目标	
测试范围	

续表

项目	内容
技术	
接口 Case 示例	
完成标准	
测试重点和优先级	

（3）自动化测试（表1.2.21）

表1.2.21　自动化测试

项目	内容
测试目标	
测试范围	
技术	
接口 Case 示例	
完成标准	
测试重点和优先级	

4. 软件测试策略

填写软件测试策略表（表1.2.22）。

表1.2.22　测试策略表

项目	内容	备注
整体测试方案		
测试类型		
性能测试方案		
回归测试方案		

5.测试风险和解决方案

将本次测试过程中可能出现的风险填写到表 1.2.23 中。

表 1.2.23　测试风险表

风险类型	内容	解决方案
需求风险		
测试用例风险		
缺陷风险		
测试技术风险		
时间风险		
其他风险		

6.测试标准

(1)测试指标

在项目 bug 管理中,根据 bug 的严重程度和优先级从高到低,分为五级,即 P1—P5,如表 1.2.24 所示。

表 1.2.24　bug 分级表

问题严重程度	严重程度描述	优先级
P1	导致系统崩溃,数据丢失,响应码出现 404、500 等,访问速度过慢等,需求中的功能没有实现	立即修改,影响测试进度
P2	功能完全错误,错误非常明显,下载失败、参数格式错误、数据异常、接口回调数据异常、UI 明显有问题	急需修改,影响用户使用
P3	较高,功能部分错误、参数名称错误等,功能有缺陷	应需修改,影响用户体验
P4	一般错误,错误不明显,客户要求改善需求体验等问题	建议修改,加强用户体验
P5	增加用户体验的建议问题	建议修改,加强用户体验

(2)测试验收标准

根据 bug 严重程度和优先级的分级标准,在表 1.2.25 中填写项目测试验收标准。

表 1.2.25　测试验收标准表

问题严重程度	验收的标准
P1	
P2	
P3	
P4	
P5	

四、检查与评价

表 1.2.26　学习行动检查与评价表

项目一	Postman 测试用户管理系统			
典型工作环节二	编写测试计划			
序号	具体任务	分值标准	学生自评	组内互评
1	编写测试计划概述	5		
2	编写测试计划资源	5		
3	编写获取用户信息 1 测试功能和重点	8		
4	编写获取用户信息 2 测试功能和重点	8		
5	编写获取用户余额测试功能和重点	8		
6	编写修改用户余额 1 测试功能和重点	8		
7	编写修改用户余额 2 测试功能和重点	8		
8	编写上传文件测试功能和重点	7		
9	编写自动化测试功能和重点	8		
10	编写测试策略	5		
11	编写测试风险	5		
12	编写测试标准	5		
13	编写过程保持安静	10		

续表

序号	具体任务	分值标准	学生自评	组内互评
14	编写认真、严格按照流程进行	10		
最终得分		100		
学生反思				
教师点评				

五、巩固练习

①简述测试计划评审过程。

②什么是回归测试?

③软件测试策略有哪些?

典型工作环节三 设计测试用例

工作任务单(表 1.3.1)

表 1.3.1 任务单

项目一	Postman 测试用户管理系统		
典型工作环节三	设计测试用例	学时	4 学时
任务描述	(1)学习接口测试用例设计方法 (2)分析项目各模块接口测试功能和重点 (3)填写各模块测试用例设计方法表 (4)填写各模块测试用例设计表 (5)填写项目接口测试用例表		

续表

学习目标	(1)学习从输入参数、接口处理逻辑、输出结果设计测试用例方法 (2)设计获取用户信息测试用例 (3)设计添加 Headers 获取用户信息 2 测试用例 (4)设计获取用户余额测试用例 (5)设计通过权限验证修改用户余额测试用例 (6)设计添加 Cookies 修改用户余额 2 测试用例 (7)设计上传文件测试用例 (8)填写项目接口测试用例表
提交成果	(1)任务实施计划表 (2)接口模块测试用例决策表 (3)接口模块测试用例实施表 (4)项目接口测试用例表

一、资讯

一个典型的接口模块通常是由输入、接口处理逻辑、输出三部分构成,如图 1.3.1 所示。输入就是常见的接口输入参数,当接口输入参数后,接口会执行相关处理逻辑,接口处理后有的有参数输出,有的没有。

图 1.3.1　接口构成

接口测试用例设计,主要从输入、接口处理、输出三个方面考虑:
①输入:可以按照参数类型进行用例设计。
②接口处理:可以按照逻辑进行用例设计。
③输出:可以根据结果进行分析设计。

1. 输入参数测试用例设计

常见的接口输入的参数有数值型、字符串型、数组或链表、结构体,如图 1.3.2 所示。结构体是一些元素的结合,元素也是数值型、字符串型和数组或链表。

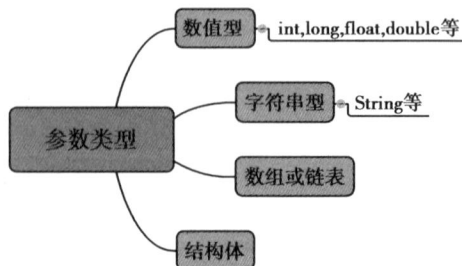

图 1.3.2　参数类型

(1)测试用例设计方法
表 1.3.2 详细说明数值型、字符串型、数组或链表 3 种参数类型用例设计方法。

表 1.3.2　输入参数用例设计方法

参数类型和用例设计方法	说明
数值型 等价类　取值范围内 　　　　取值范围外 边界值　取值范围边界 ● 边界最小，最大； 　　　　　　　　　　边界最小–1，最大+1等 　　　　数据类型边界 ● 最小、最大 特殊值　0，负数等 遍历法　取值范围的所有数值遍历	数值型参数用例设计方法。如果参数规定了取值的范围，需要考虑等价类取值范围内、取值范围外；取值的边界，最大值、最小值；一些特殊的值如0（空）、负数、小数等是否满足要求；如有需要，可能会遍历取值范围内的各个值
字符串型 字符串长度　等价类 ● 取值范围内，取值范围外 　　　　　　　边界值 ● 规定范围边界；类型边界 　　　　　　　特殊值 ● 0，即空字符串 字符串内容　特定类型 ● 英文，中文，大小写等 　　　　　　　特定字符 ● ,.><?"\`\$&~%~" 等 　　　　　　　敏感字符	字符串型的参数，主要考虑字符串的长度和内容：长度可以用等价类、边界值、特殊值方法；内容主要考虑特殊字符、特定字符和敏感字符等
数组或链表 成员个数　等价类 ● 取值范围内，取值范围外 　　　　　边界值 ● 规定范围边界；个数边界值 　　　　　特殊值 ● 0等 成员内容　等价类 ● 合法和非法成员 　　　　　重复法 ● 重复的成员	数组和链表用例设计考虑成员个数和内容：成员个数可以用等价类、边界值、特殊值等方法；成员内容可以用等价类、重复法等方法

（2）测试用例设计示例

示例1：用户管理系统 API 文档接口模块——获取用户信息（GET 方法）分析，见表 1.3.3。

表 1.3.3　获取用户信息测试用例设计

类别	设计分析			
请求参数	**参数名**	**必选**	**类型**	**说明**
	userid	是	string	用户 ID
用例设计方法	字符串长度	**等价类**：范围内取 1 位，范围外取 2 位或 2 位以上 例如：**userid = 1，userid = 10** **边界值**：不涉及 **特殊值**：空字符串或 0		
	字符串内容	**特定类型**：英文取值 **admin**，中文取值**测试** **特殊字符**：特殊字符取值字符"**>**""**?**""**–1**"等 **敏感字符**：不涉及		

从表1.3.3获取用户信息(GET方法)接口模块设计分析可以得到:该模块请求参数名userid(类型字符串,必选)。测试用例分析设计从请求参数字符串长度、字符串内容两方面考虑。

字符串长度测试用例设计可以从等价类和特殊值来分析设计,如表1.3.4所示。

表1.3.4 字符串长度测试用例设计表

等价类	范围内	①参数选1位(用例数量1个) userid = 1
	范围外	②参数选2位或以上(用例数量2个) userid = 10(2位)、userid = 10000(5位)
特殊值	参数为空	③参数 userid 为空(用例数量1个)

从表1.3.4中可以得到测试用例数量4个,填入用户管理系统测试用例表中。

字符串内容测试用例设计可以从特定字符和特殊字符来分析设计,如表1.3.5所示。

表1.3.5 字符串内容测试用例设计表

特定字符	英文、中文	①参数值为英文(用例数量1个) userid = admin ②参数值为中文(用例数量1个) userid = 测试
特殊字符	参数取特殊字符	①参数值为">"(用例数量1个) userid = > ②参数值为"?"(用例数量1) userid = ? ③参数值为"−1"(用例数量1) userid = −1

从表1.3.5中可以得到测试用例数量5个,填入用户管理系统测试用例表中。通过字符串长度和字符串内容设计获取用户信息测试用例数量9个。

2.接口逻辑测试用例设计

(1)测试用例设计方法

测试接口需要进行逻辑处理,测试用例设计从约束条件、操作对象、状态转换、时序等几个方面分析设计,见表1.3.6。

表1.3.6 接口逻辑测试用例设计方法

类型	测试用例设计方法
约束条件	约束条件的测试在功能测试中经常遇到,在接口测试中更为重要。其意义在于:用户进行操作时,在该操作的前端可能已经进行了约束条件的限制,故用户无法直接触发请求该接口。常见的约束条件如下: ①数值限制:分数限制、金币限制、等级限制等 ②状态限制:登录状态等 ③关系限制:绑定的关系,好友关系等 ④权限限制:管理员等 ⑤时间约束:22:00之前 ⑥数值约束:积分200;限量5个

类型	测试用例设计方法
操作对象	操作通常是针对对象的,例如,用户绑定电话号码,电话号码就是操作对象,而这个电话号码的话费、流量也是对象 对象分析主要是针对合法和不合法对象进行操作。例如: ①用户 A 查询电话 P1 话费 ②用户 A 查询电话 P1 流量 ③用户 A 查询电话 P2 话费 ④用户 A 查询电话 P2 流量
状态转换	被测逻辑可以抽象成状态机,各个状态之间根据功能逻辑从一个状态切换到另一个状态。如果打乱了这个次序,从一个状态切换到另一个不在它下一状态集中的状态,那么逻辑将会被打乱,就会出现逻辑问题 例如在做任务时,任务有三种状态:未领取,已领取未提交和已完成 那么测试用例可以这样设计: ①正常的状态切换:未领取状态,领取任务后变为已领取状态;已领取满足任务条件提交后,变成已完成状态;完成后可以再次领取任务 ②非正常的状态切换:未领取任务满足任务条件直接提交任务;已领取时再次领取任务等
时序	在一些复杂接口逻辑中,一个活动是由一系列动作按照指定顺序进行的,这些动作形成一个动作流,只有按照这个顺序依次执行,才能得到预期结果 　　在正常的流程里,这些动作是根据程序调用依次进行的,并不会打乱,在接口测试时,需要考虑如果不按照时序执行,是否会出现问题 　　例如,客户端数据同步是由客户端触发进行的,期间的同步用户无法干预。进行功能测试时可见的是:是否能正常进行同步。而进一步分析,同步流程实际涉及了一组动作:

续表

类型	测试用例设计方法
时序	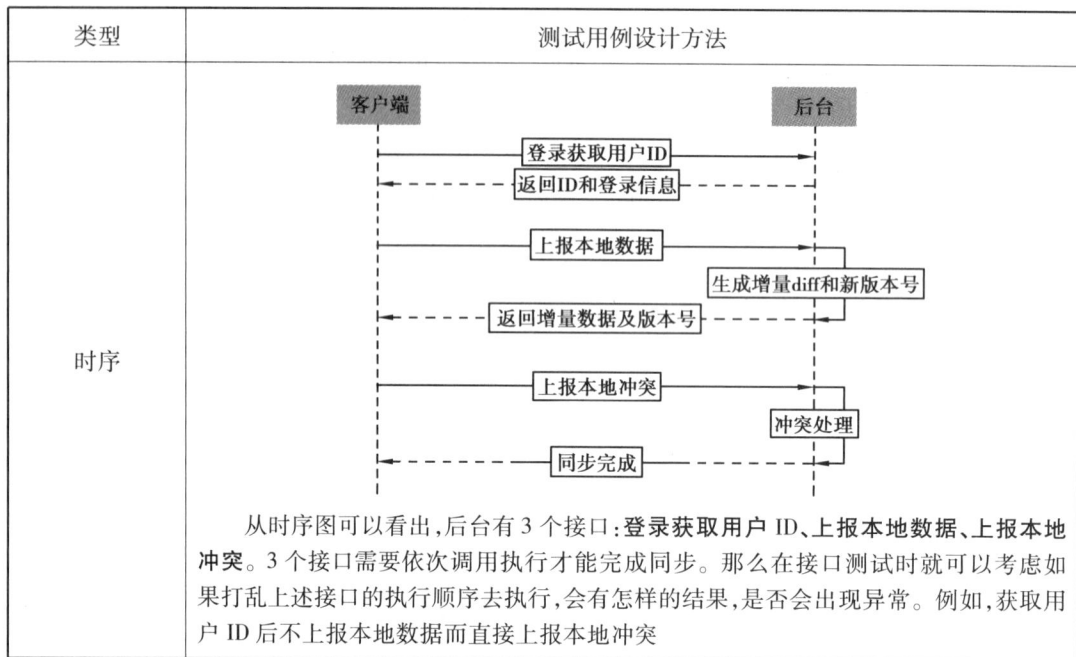 从时序图可以看出,后台有 3 个接口:**登录获取用户 ID、上报本地数据、上报本地冲突**。3 个接口需要依次调用执行才能完成同步。那么在接口测试时就可以考虑如果打乱上述接口的执行顺序去执行,会有怎样的结果,是否会出现异常。例如,获取用户 ID 后不上报本地数据而直接上报本地冲突

（2）测试用例设计示例

示例:接口模块—获取用户信息 2（添加 Headers）分析,见表 1.3.7。

表 1.3.7　获取用户信息 2 测试用例设计

类别	设计分析
请求参数	需要添加 header,Content-Type application/json 表格： 参数名：userid，必选：是，类型：string，说明：用户 ID
用例设计方法 （前置条件）	**正确添加 Headers** **请求参数正确**:userid＝1 **请求参数错误**:userid＝10 或者其他值（2 位或以上,英文、特殊字符等） **请求参数为特殊值**:空字符串 **错误添加 Headers** **请求参数正确**:userid＝1 **请求参数错误**:userid＝10 或者其他值（2 位或以上,英文、特殊字符等） **不添加 Headers** **请求参数正确**:userid＝1 **请求参数错误**:userid＝10 或者其他值（2 位或以上,英文、特殊字符等）

从表 1.3.7 获取用户信息 2 接口模块设计分析可以得到:该模块请求参数 userid（类型字符串,必选）,请求前需要添加前置条件 Headers,Content-Type＝application/json。测试用例

分析设计从正确添加 Headers、错误添加 Headers 和不添加 Headers 三个方面考虑,每个方面从请求参数正确、请求参数错误分析设计的测试用例,测试用例数量 7 个,填写测试用例到用户管理系统测试用例表中。

3. 输出结果测试用例设计

接口处理正确的结果可能只有一个,但是错误异常返回结果通常有很多种情况。如果知道返回结果有很多种,就可以针对不同结果设计用例。

例如,在提交积分任务时我们通常能想到的是返回正确和错误,错误可能会联想到无效任务、无效登录态,但是不一定能完全覆盖所有错误码,通过接口返回定义的返回码可以设计更多用例。

4. 接口测试用例模板

接口测试用例包括用例 ID、接口名称、用例标题、请求 URL、请求方法、前置条件、请求参数、预期响应、测试响应、是否通过、测试人等内容,具体测试用例模板如图 1.3.3 所示。

用例ID	接口名称	用例标题	请求URL	请求方法	前置条件	请求参数	预期响应	测试响应	是否通过	测试人	备注
Pro1-001	获取用户信息	GET请求获取用户信息成功	http://localhost:8081/getuser	GET		userid=1	{ "code":200, "id":"1", "name":"小明", "age":18 }	{ "code":200, "id":"1", "name":"小明", "age":18 }	是	xxx	
Pro1-002	获取用户信息	GET请求获取不存在用户信息	http://localhost:8081/getuser	GET		userid=2	{ "code":500, "msg":"没有这个用户" }	{ "code":500, "msg":"没有这个用户" }	是	xxx	
Pro1-003	获取用户信息	GET请求不传参数	http://localhost:8081/getuser	GET			{ "code":500, "msg":"非法用户" }	{ "code":500, "msg":"非法用户" }	是	xxx	
Pro1-004	获取用户信息	GET请求参数值为负数	http://localhost:8081/getuser	GET		userid=-1	{ "code":500, "msg":"没有这个用户" }	{ "code":500, "msg":"没有这个用户" }	是	xxx	
Pro1-005	获取用户信息	GET请求参数值为负数	http://localhost:8081/getuser	GET		userid=admin	{ "code":500, "msg":"非法用户" }	{ "code":500, "msg":"非法用户" }	是	xxx	

图 1.3.3　接口测试用例模板

二、计划与决策

1. 计划

根据任务描述和资讯内容,对工作任务进行分解,按照任务执行的顺序填写任务实施计划表(表 1.3.8)。

表 1.3.8　任务实施计划表

项目一		Postman 测试用户管理系统	
典型工作环节三		设计测试用例	
计划制订方式			
序号	工作步骤	实施人	注意事项
1			
2			

续表

序号	工作步骤	实施人	注意事项
3			
4			
5			
6			
7			
8			
9			

2. 决策

(1)获取用户信息 1 测试用例设计方法

根据项目 API 文档和测试计划中第三部分获取用户信息 1 测试功能点及重点,分析确定测试用例设计方法,并将结果填写到表 1.3.9 和表 1.3.10 中。

表 1.3.9　获取用户信息 1(GET 方法)用例设计方法表

类别	设计分析	
请求参数		
用例设计方法		

表 1.3.10 获取用户信息 1(POST 方法)用例设计方法表

类别	设计分析	
请求参数		
用例设计方法		

(2)获取用户信息 2 测试用例设计方法

根据项目 API 文档和测试计划中第三部分获取用户信息 2 测试功能点及重点,分析确定测试用例设计方法,并将结果填写到表 1.3.11 中。

表 1.3.11 获取用户信息 2 测试用例方法表

类别	设计分析	
请求参数		
用例设计方法		

(3)获取用户余额测试用例设计方法

根据项目 API 文档和测试计划中第三部分获取用户余额测试功能点及重点,分析确定测试用例设计方法,并将结果填写到表 1.3.12 中。

表 1.3.12　获取用户余额测试用例方法表

类别	设计分析	
请求参数		
用例设计方法		

（4）修改用户余额 1 测试用例设计方法

根据项目 API 文档和测试计划中第三部分修改用户余额 1 测试功能点及重点，分析确定测试用例设计方法，并将结果填写到表 1.3.13 中。

表 1.3.13　修改用户余额 1 测试用例方法表

类别	设计分析	
请求参数		
用例设计方法		

（5）修改用户余额 2 测试用例设计方法

根据项目 API 文档和测试计划中第三部分修改用户余额 2 测试功能点及重点，分析确定测试用例设计方法，并将结果填写到表 1.3.14 中。

表 1.3.14　修改用户余额 2 测试用例方法表

类别	设计分析	
请求参数		
用例设计方法		

（6）上传文件测试用例设计方法

根据项目 API 文档和测试计划中第三部分上传文件测试功能点及重点，分析确定测试用例设计方法，并将结果填写到表 1.3.15 中。

表 1.3.15　上传文件测试用例方法表

类别	设计分析	
请求参数		
用例设计方法		

三、工作任务实施

1. 获取用户信息 1 测试用例设计

根据获取用户信息 1 测试用例设计方法表(表 1.3.16),填写获取用户信息 1 测试用例设计表(表 1.3.17)。

表 1.3.16　获取用户信息 1(GET 方法)用例设计

类别	设计方法	内容
字符串长度		
字符串内容		

表 1.3.17　获取用户信息 1(POST 方法)用例设计

类别	设计方法	内容
字符串长度		
字符串内容		

2.获取用户信息2测试用例设计

根据获取用户信息2测试用例方法表,填写获取用户信息2的测试用例设计表。

表1.3.18　获取用户信息2用例设计

类别	设计方法	内容
添加 Headers 正确		
添加 Headers 错误		
不添加 Headers		

3.获取用户余额测试用例设计

根据获取用户余额测试用例设计方法表,填写获取用户余额测试用例设计表(表1.3.19)。

表1.3.19　获取用户余额用例设计

类别	设计方法	内容
字符串长度		

续表

类别	设计方法	内容
字符串内容		

4. 修改用户余额 1 测试用例设计

根据修改用户余额 1 测试用例方法表,填写修改用户余额 1 的测试用例设计表(表 1.3. 20)。

表 1.3.20　修改用户余额 1 用例设计

类别	设计方法	内容
添加正确权限用户名和密码		
错误添加权限用户名和密码		
不添加权限用户名和密码		

类别	设计方法	内容
数值型参数 （money）		

5. 修改用户余额 2 测试用例设计

根据修改用户余额 2 测试用例方法表,填写修改用户余额 2 的测试用例设计表(表 1.3.21)。

表 1.3.21　修改用户余额 2 用例设计

类别	设计方法	内容
正确添加 cookies		
错误添加 Cookies		
不添加 Cookies		

续表

类别	设计方法	内容
数值型参数 （money）		

6. 上传文件测试用例设计

根据上传文件测试用例设计方法表，填写上传文件测试用例设计表（表1.3.22）。

表 1.3.22　上传文件用例设计

类别	设计方法	内容
字符串长度		
字符串内容		

四、检查与评价

表 1.3.23 学习行动检查与评价表

项目一	Postman 测试用户管理系统			
典型工作环节三	设计测试用例			
序号	具体任务	分值标准	学生自评	组内互评
1	设计获取用户信息 1 GET 测试用例	10		
2	设计获取用户信息 1 POST 测试用例	10		
3	设计获取用户信息 2 测试用例	10		
4	设计获取用户余额测试用例	10		
5	设计修改用户余额 1 测试用例	10		
6	设计修改用户余额 2 测试用例	10		
7	设计上传文件测试用例	10		
8	设计过程保持安静	5		
9	设计分析认真、严格按照流程进行	5		
10	测试用例表填写正确、完整	10		
11	测试用例表填写规范	10		
最终得分		100		
学生反思				
教师点评				

五、巩固练习

①常用的测试用例管理工具有哪些？它们的特点是什么？

②设计测试用例的方法有哪些？

③什么是黑盒测试？其内容包括哪些？

④什么是白盒测试？其测试方法有哪些？

典型工作环节四　执行测试用例

工作任务单(表 1.4.1)

表 1.4.1　工作任务单

项目一	Postman 测试用户管理系统		
典型工作环节四	执行测试用例	学时	10 学时
任务描述	(1)使用 Postman 对项目接口模块进行测试 (2)执行获取用户信息测试用例 (3)执行添加 Headers 获取用户信息 2 测试用例 (4)执行获取用户余额测试用例 (5)执行通过权限验证修改用户余额测试用例 (6)执行添加 Cookies 修改用户余额 2 测试用例 (7)执行上传文件测试用例 (8)填写完整项目接口测试用例表		
学习目标	(1)掌握 Postman 软件基本使用方法 (2)学会 Postman 添加前置条件执行测试用例方法 (3)学会 Postman 通过权限验证执行测试用例方法 (4)学会 Postman 添加 Cookies 执行测试用例方法 (5)分析测试用例,为每个测试用例添加测试检查点(断言) (6)填写项目接口测试用例表		
提交成果	(1)任务实施计划表 (2)测试用例检查点决策表 (3)项目测试用例表 (4)项目测试用例测试结果表		

一、资讯

1. Postman 工具栏

Postman 软件提供了一个多窗口和多选项卡页面用于发送和接收接口请求,同时 Postman 软件界面保持清洁和灵活,可提供尽可能多的空间,以满足用户的需要。

(1)左侧功能栏

Postman 的左侧工具栏可以管理请求、集合、API 文档、环境设置、Mock 服务器、监控、历史记录等选项卡。Collections 脚本集合,是用于放置不同测试脚本的集合,也可以用于新建文件夹存放测试脚本,APIs 管理测试的 API 文档,Environment 测试环境设置,History 为近期的测试脚本历史记录,如图 1.4.1 所示。

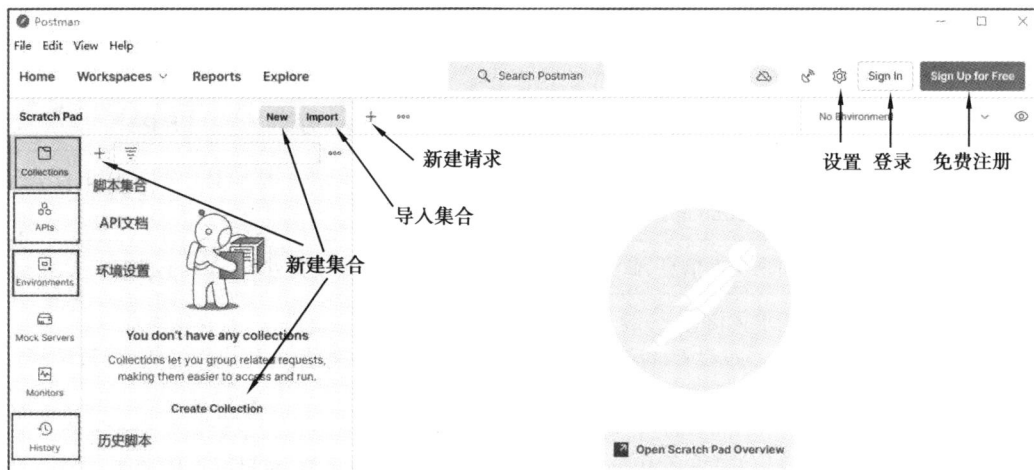

图 1.4.1　Postman 左侧功能栏

（2）顶部工具栏

Postman 顶部工具栏包含菜单栏以及功能快捷方式的选项，如图 1.4.2 所示。

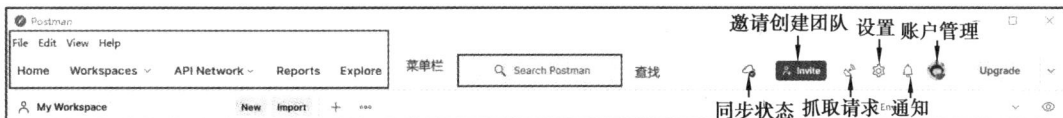

图 1.4.2　Postman 顶部工具栏

2. Postman 请求区和响应区

（1）请求区

在 Postman 的请求区主要包括请求方法、请求 URL、请求参数和 Cookies 设置，其中请求参数有 Params、Authorization、Headers、Body、Pre-request Script、Tests 和 Settings 等选项卡，如图 1.4.3 所示。

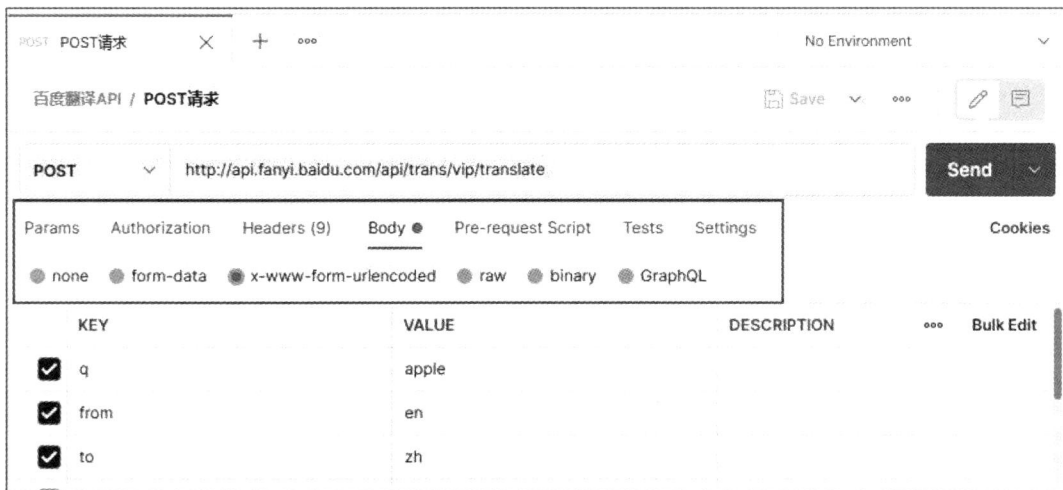

图 1.4.3　请求参数选项卡

请求参数选项卡说明见表 1.4.2。

表1.4.2 请求参数选项卡说明表

选项卡	参数说明
Params	请求参数,通常这类填写请求的参数,常用格式为 KEY-VALUE 格式
Authorization	授权身份验证,主要用来填写用户名密码,以及一些验证字段。详细设置见 Authorization 设置部分
Headers	请求头部信息,此处可以添加头部信息。详细设置见 Headers 设置
Body	请求体信息,一般 POST 请求中的参数填写在此处 　　none:无,body 默认选项,如果您不想根据您的请求发送正文,请选择此选项 　　form-data:对应信息头 multipart/form-data,它将表单数据处理为一条消息,以标签为单元用分隔符分开。既可以上传键值对,也可以上传文件(当上传字段是文件时,会有 Content-Type 来说明文件类型) 　　x-www-form-urlencoded:对应信息头-application/x-www-from-urlencoded,会将表单内的数据转换为键值对,比如 name=zhangsan 　　raw:可以上传任意类型的文本,比如 text、json、xml 等 　　binary:对应信息头 Content-Type:application/octet-stream,只能上传二进制文件,且没有键值对,一次只能上传一个文件 　　GraphQL:GraphQL 查询,可以创建和发生 GraphQL 查询
Pre-request Script	预置脚本,可以在请求之前自定义请求数据,在请求之前运行脚本,语法使用 JavaScript 语句
Tests	Tests 选项卡功能比较强大,通常用来写测试脚本,运行在请求之后。Tests 测试脚本支持 JavaScript 语法。Postman 每次执行 request 时会执行 Tests。测试结果会在响应信息 Tests Results 选项卡显示一个通过的数量以及通过、失败情况
Settings	请求设置

(2)响应区

Postman 的响应区包括 Body、Cookies、Headers、Tests Results 选项卡以及状态码、响应时间、响应信息大小等信息,如图1.4.4 所示。

图1.4.4 响应信息选项卡

响应信息选项卡说明见表1.4.3。

表1.4.3　响应选项卡说明表

选项卡	参数说明
Body	显示服务器返回信息的主体,显示格式如下: 　　Pretty:简洁漂亮模式格式化 JSON 或 XML 响应信息 　　Raw:原始模式查看响应的信息 　　Preview:预览模式在沙盒 iframe 中呈现响应信息,可以灵活测试音频,PDF,zip 文件或 API 引发的任何内容 　　Visualize:可视化的 API 响应,直观、图形化地表示 HTTP 响应信息 　　JSON:响应信息显示格式,包括 JSON、XML、HTML、Text 和 Auto 等
Cookies	服务器返回的所有 cookies 值,用于验证客户端和服务器身份信息
Headers	服务器响应的头部信息
Test Results	测试结果(断言结果),判断服务器响应信息是否正确

3. Postman 使用步骤

以百度网页为例发送 GET 请求,如图1.4.5所示。Postman 使用步骤如下:

①通过左边栏新建集合,命名为测试。

②右键点击集合测试,添加请求(Add Request)命名为百度。

③在 URL 输入框中输入对应网址。

④选择请求方法为"GET",填写请求参数。请求参数按照键—值(KEY—VALUE)格式填写。如果是 GET 请求,参数填写在 Params 页面;POST 请求,参数填写在 Body 页面。

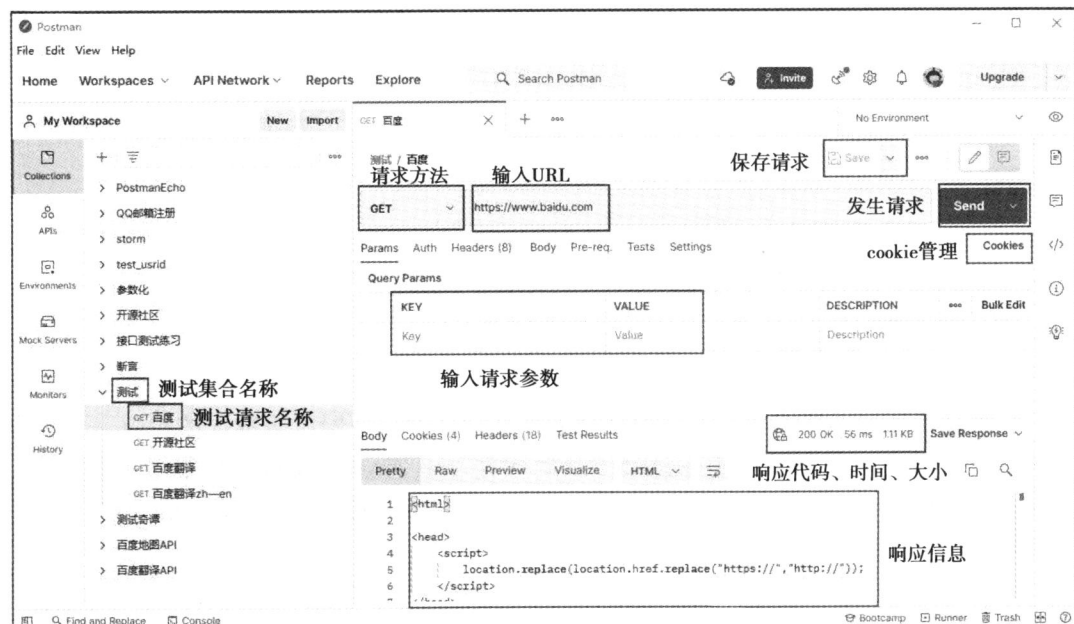

图1.4.5　Postman 发送请求

⑤添加测试脚本(断言)。在请求区的 Tests 页面添加检查点的测试脚本(断言),如图 1.4.6 所示。

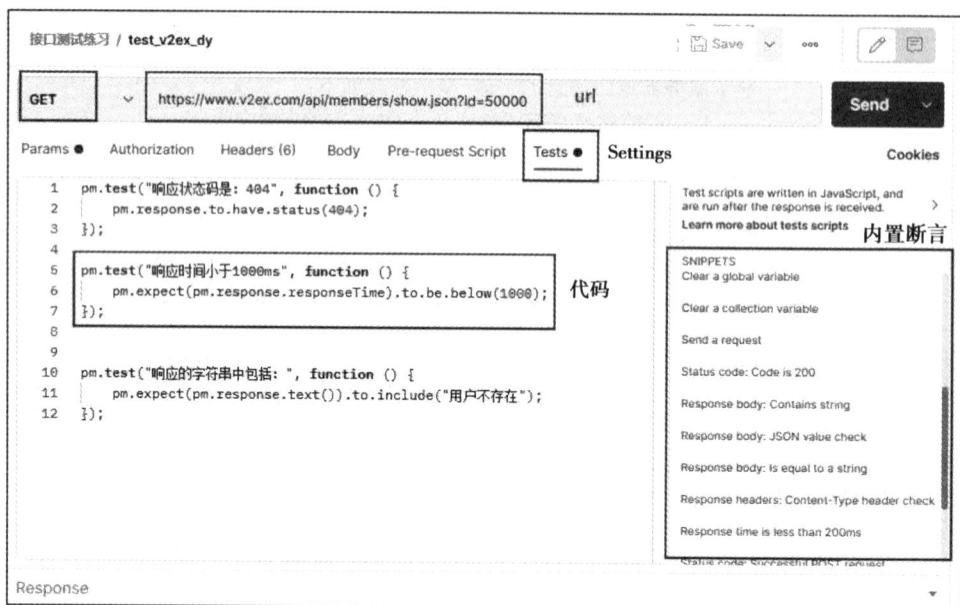

图 1.4.6　Postman 的测试脚本(断言)

⑥单击"Send"按钮发起请求,可以在响应区看到响应代码、响应信息、响应时间和响应信息大小。在 Body 标签看到服务器的响应信息,如图 1.4.5 所示。在 Test Results 标签可以看到测试脚本(断言)是否通过,如果通过,显示 PASS,不通过,则显示 FAIL,如图 1.4.7 所示。

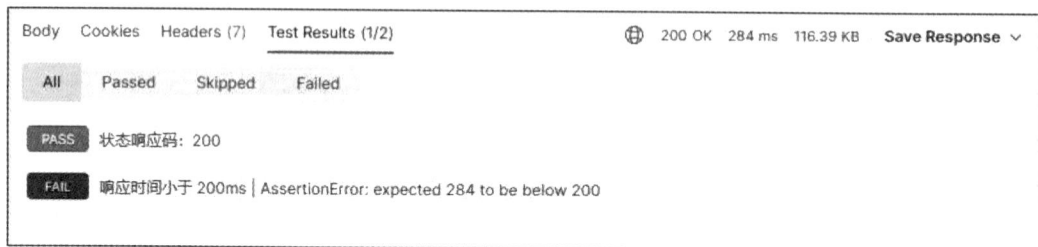

图 1.4.7　测试(断言)结果

4. Authorization 设置

在软件设计过程中,出于安全考虑软件的接口并不希望对外公开,这时就需要使用授权(Authorization)机制。授权过程验证客户端是否具有访问服务器所需数据的权限。当客户端发送请求时,通常必须添加授权参数,以确保请求具有访问和返回所需数据的权限。Postman 提供多种授权类型,可以轻松地在本地应用程序中处理身份验证协议,如图 1.4.8 所示。

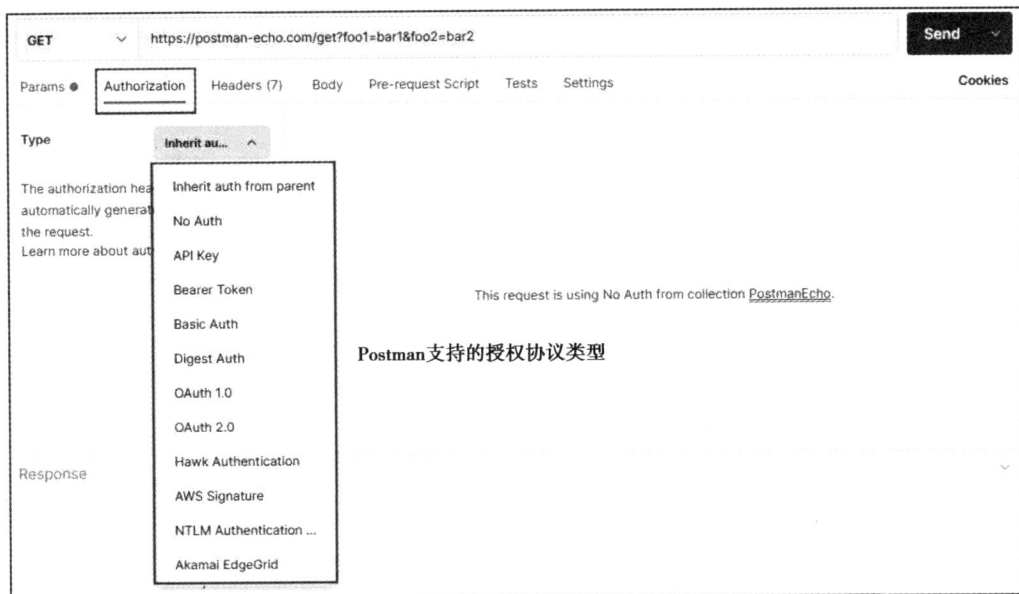

图 1.4.8　Postman 支持的授权协议类型

Postman 支持的授权协议主要类型见表 1.4.4。

表 1.4.4　Postman 支持的授权协议类型

授权协议类型	类型说明
No Auth	不需要授权
Bearer Token	安全令牌。任何带有 Bearer Token 的用户都可以使用它来访问数据资源,而无须使用加密密钥
Basic auth	基本身份验证是一种比较简单的授权类型,需要经过验证的用户名和密码才能访问数据资源。这就需要我们输入用户名和对应的密码
Digest Auth	是一个简单的认证机制,最初是为 HTTP 协议开发的,因此也常称为 HTTP 摘要。其身份验证机制非常简单,它采用哈希加密方法,以避免明文传输用户的口令。摘要认证就是要核实参与通信的两方都知道双方共享的一个口令
OAuth 1.0	是一个开放标准,允许用户让第三方应用访问该用户在某一网站上存储的私密的资源(如照片、视频、联系人列表),而无须将用户名和密码提供给第三方应用
OAuth 2.0	OAuth 1.0 升级
Hawk Authentication	是一个 HTTP 认证方案,使用 MAC(Message Authentication Code,消息认证码算法)算法,它提供了对请求进行部分加密验证的认证 HTTP 请求的方法
AWS Signature	AWS 用户必须使用基于密钥 HMAC(哈希消息认证码)的自定义 HTTP 方案进行身份验证
NTLM Authentication	NTLM(NT Lan Manager)使用在 Windows NT 和 Windows 2000 Server(or later)工作组环境中。基于 NTLM 的认证过程要简单很多。NTLM 采用一种质询/应答(Challenge /Response)消息交换模式

5. Header 设置

(1)请求头

请求头(Request Header)用来说明服务器要使用的附加信息,比较重要的信息有 Cookie、Referer、User-Agent 等。在 Postman 中可以在请求区的 Headers 选项卡中设置,如图 1.4.9 所示。

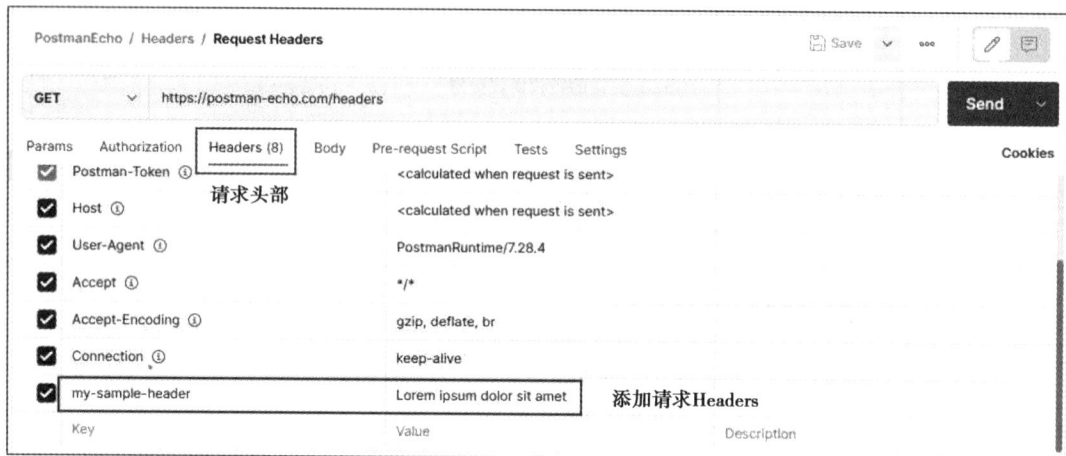

图 1.4.9　请求 Headers 选项卡

(2)响应头

响应头(Response Header)包含了服务器对请求的应答信息,如 Content-Type、Server、Set-Cookie 等,在 Postman 响应区 Headers 或者 Postman Console 界面都可以查看 Response Header 信息,如图 1.4.10 所示。

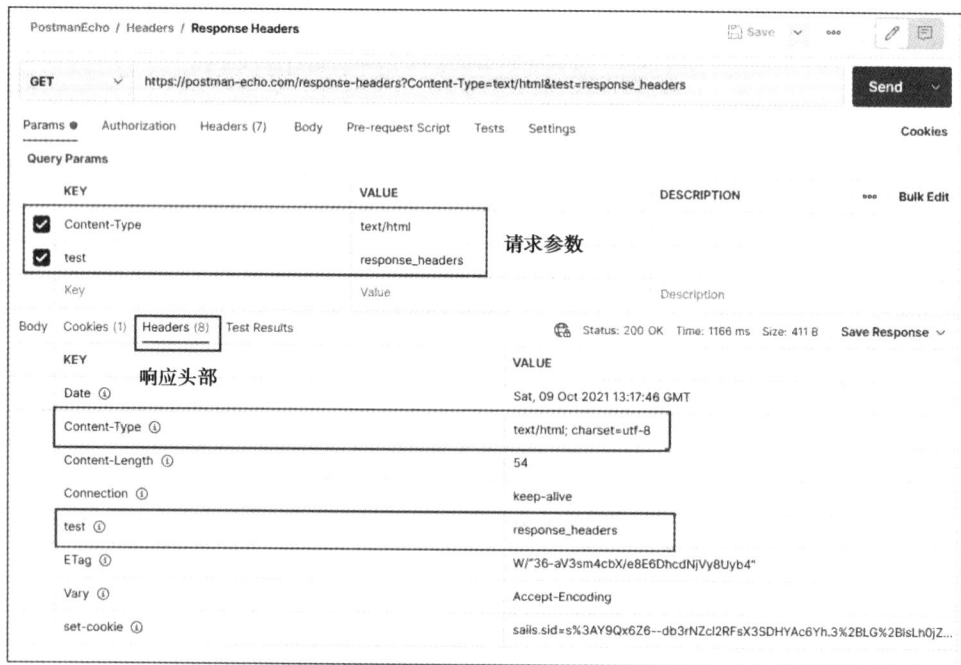

图 1.4.10　响应区 Headers

6. Cookies 设置

Cookies 是存储在浏览器中的小片段信息,每次请求后都将其发送回服务器,以便在请求之间存储有用的信息。比如很多网站登录界面都有保存账号密码功能,以便下次登录。

由于 HTTP 是一种无状态的协议,服务器单从网络连接上无法知道客户身份。为了解决这个问题,服务器给每个客户端颁发一个通行证,无论在哪个客户端访问都必须携带自己的通行证,这样服务器就能从通行证上确认客户身份了,这就是 Cookies 的工作原理。

Cookies 是由服务器端生成,存储在响应头中,返回给客户端,客户端会将 Cookies 存储下来,当客户端发送请求时,User-agent 会自动获取本地存储的 Cookies,将 Cookies 信息存储在请求头中,并发送给服务端。

Postman 可以设置、获取、删除 Cookies,也可以在 Cookies 管理中进行 Cookie 的设置、新增和删除,如图 1.4.11 所示。

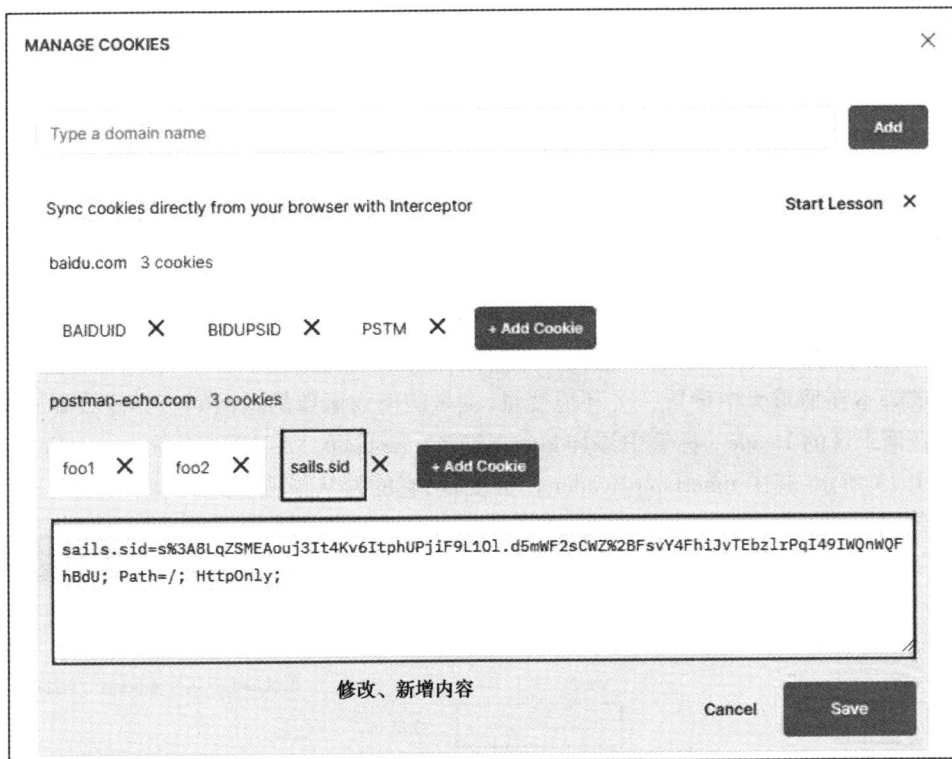

图 1.4.11　Cookies 设置

7. Postman 中脚本的使用

Postman 支持 JavaScript,它允许用户向请求和集合添加脚本。通过使用 JavaScript 脚本,可以构建包含动态参数的请求,在请求中直接传递数据。Postman 可以在请求区的预请求标签和测试标签中添加 JavaScript 代码,如图 1.4.12 所示。

①在请求发送前添加的动态行为,脚本放在"Pre-request Script"标签下,是预请求脚本。

②在收到响应后添加动态行为,脚本放在"Tests"标签下,是测试脚本(断言)。

用户可以将预请求和测试脚本(断言)添加到一个集合、一个文件夹、一个请求中。脚本执行的顺序:先预请求脚本在请求发送前执行,测试脚本在接收到响应之后执行。对于集合中的每个请求,脚本总是按照以下的层次结构运行:集合级脚本、文件夹级脚本和请求级脚本。

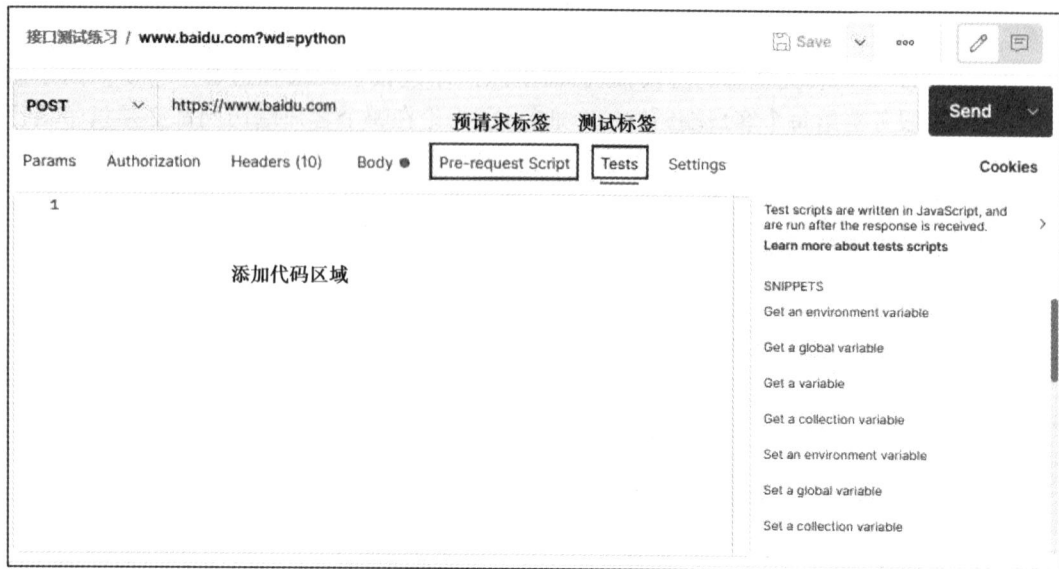

图 1.4.12　请求区脚本添加

8. 预请求脚本

预请求脚本是指在请求发送之前执行的脚本。这个脚本可以是当前的时间戳或者一个随机字母、数字等。以预请求头中包含一个时间戳为例说明预请求脚本的使用方法,可以利用预请求脚本在请求头中设置一个环境变量,变量的值为函数的返回值。具体步骤如下:

①在请求区的 Headers 标签中添加参数 KEY = timestamp,VALUE = {{timestampHeader}},如图 1.4.13 所示,其中 timestampHeader 作为变量,它的值从预请求选项卡中的脚本得到。

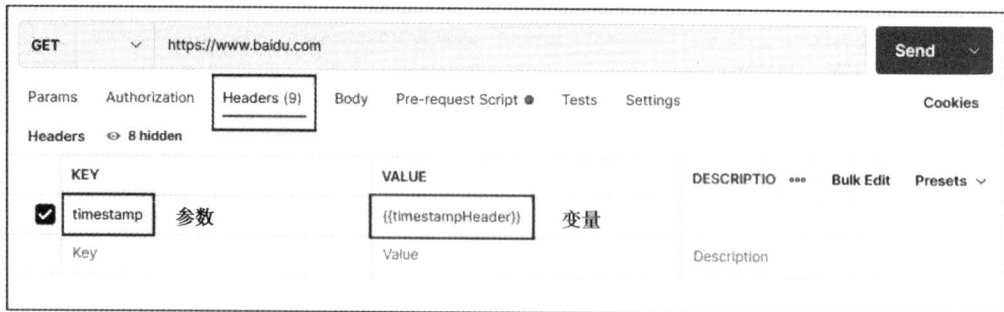

图 1.4.13　Headers 参数

②利用 Postman 内置的设置环境变量脚本 pm. environment. set("variable_key","variable_value"),在预请求标签中添加 pm. environment. set("timestampHeader",new Data());脚本,如图 1.4.14 所示。

③当发送请求时,预请求脚本将被执行,并且把 timestampHeader 的值传递给变量{{timestampHeader}},可以通过控制台输出(console)看到参数值,如图 1.4.15 所示。

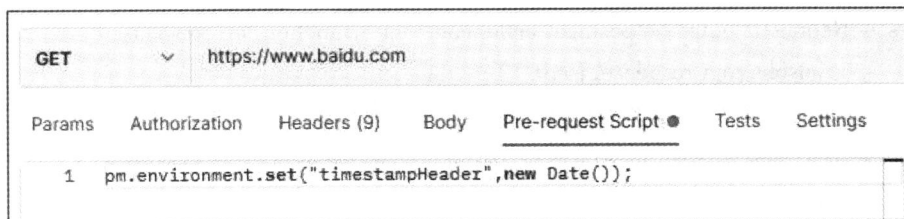

图 1.4.14　预请求脚本

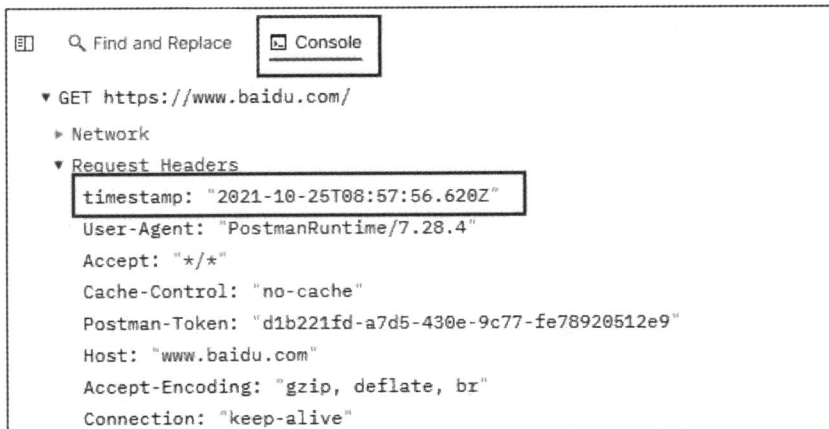

图 1.4.15　控制台输出参数值

9. Postman 内置的操作变量及发送请求的脚本

Postman 内置了常用脚本示例,这些脚本能够满足大多数接口测试的需求,这里列出常用的操作变量和发送请求的脚本。

> Get a global variable(获取全局变量)的示例:pm. globals. get("variable_key");

> Get an environment variable(获取环境变量)的示例:pm. environment. get("variable_key");

> Get a variable(获取变量)的示例:pm. variables. get("variable_key");

> Get a collection variable(获取集合变量)的示例:pm. collectionVariables. get("variable_key");

> Set a global variable(设置全局变量)的示例:pm. globals. set("variable_key");

> Set an environment variable(设置环境变量)的示例:pm. environment. set("variable_key");

> Set a variable(设置变量)的示例:pm. variables. set("variable_key");

> Set a collection variable(设置集合变量)的示例:pm. collectionVariables. set("variable_key");

> Clear a global variable(清除全局变量)的示例:pm. globals. unset("variable_key");

> Clear an environment variable(清除环境变量)的示例:pm. environment. unset("variable_key");

> Clear a collection variable(清除集合变量)的示例:pm. collectionVariables. unset("variable_key");

> Send a request(发送一个请求)的示例:

```
pm.sendRequest("https://postman-echo.com/get",function(err,response){
    console.log(response.json());
});
```
注意:脚本中的双引号和分号都是英文格式。

10.测试脚本(断言)

测试脚本帮助用户自动判断接口请求响应内容和预期返回是否一致,如果响应和预期一致,则通过;不一致,则失败。Postman 的测试脚本也是 JavaScript 语言编写的,写在 Tests 标签页里,在 sandbox 中运行。Postman 中内置丰富测试代码片段,只需要很少修改就可以用在自己的测试任务中,如图 1.4.16 所示。

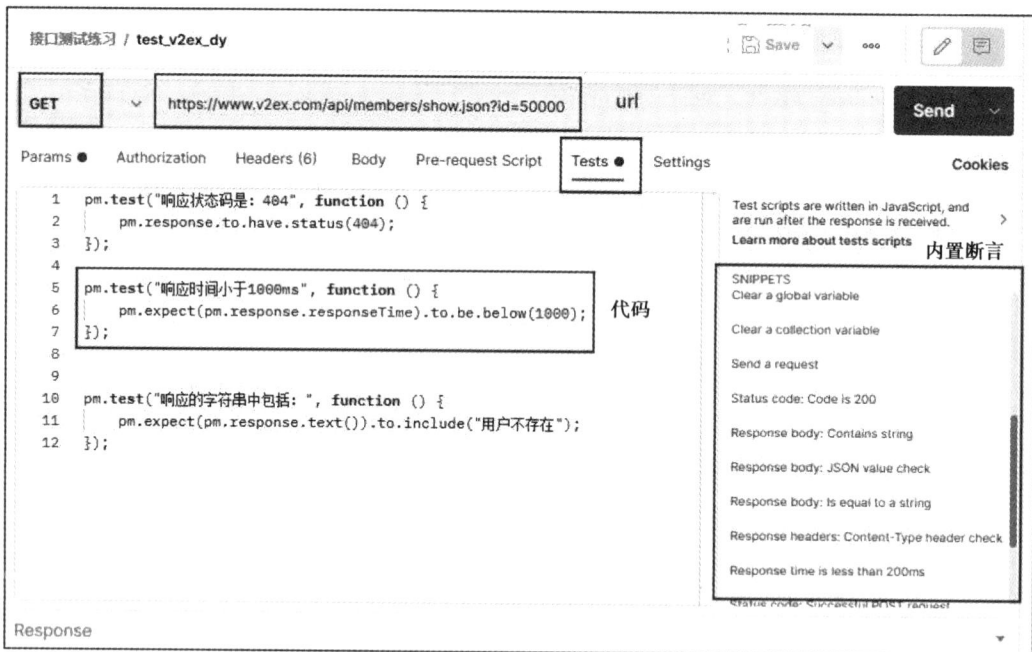

图 1.4.16　Postman 内置的测试脚本

理论上用户可以为某个请求添加任意多个测试断言(脚本),这取决于用户想要测试的点。Postman 每次发送请求都会执行测试断言(脚本),结果显示在 Response 下的"Test Results"标签页中。标签页标题会显示执行和通过测试的数量,并在标签页中列出详细的测试结果。如果测试结果通过,则显示 PASS;反之,则显示 FAIL,如图 1.4.17 所示。

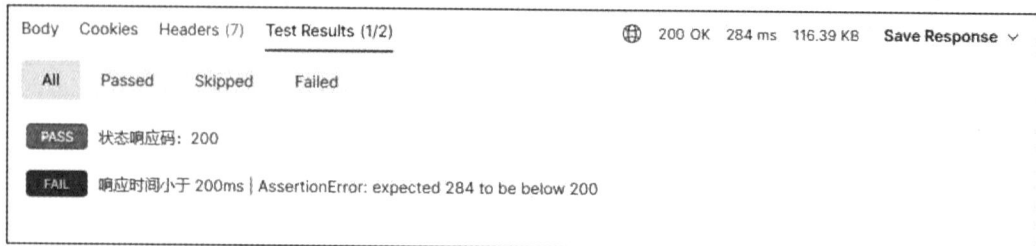

图 1.4.17　测试断言的结果

11. Postman 提供的内部测试脚本或断言(Assertion)代码

测试脚本或断言是在发送请求,并从服务器收到响应后才开始执行。在 Postman 中内置了一些测试脚本代码片段,可以应用到实际测试任务中。

(1)Status code:Code is 200(要求接口响应 Code 为 200)

具有示例如下:

```
pm. test("Status code is 200", function() {
        pm. response. to. have. status(200);
});
```

(2)Response time is less than 200ms(检查响应时间,要求小于 200 ms)

具体示例如下:

```
pm. test("Response time is less than 200ms", function() {
        pm. expect(pm. response. responseTime). to. be. below(200);
});
```

测试脚本和结果如图 1.4.18 所示。

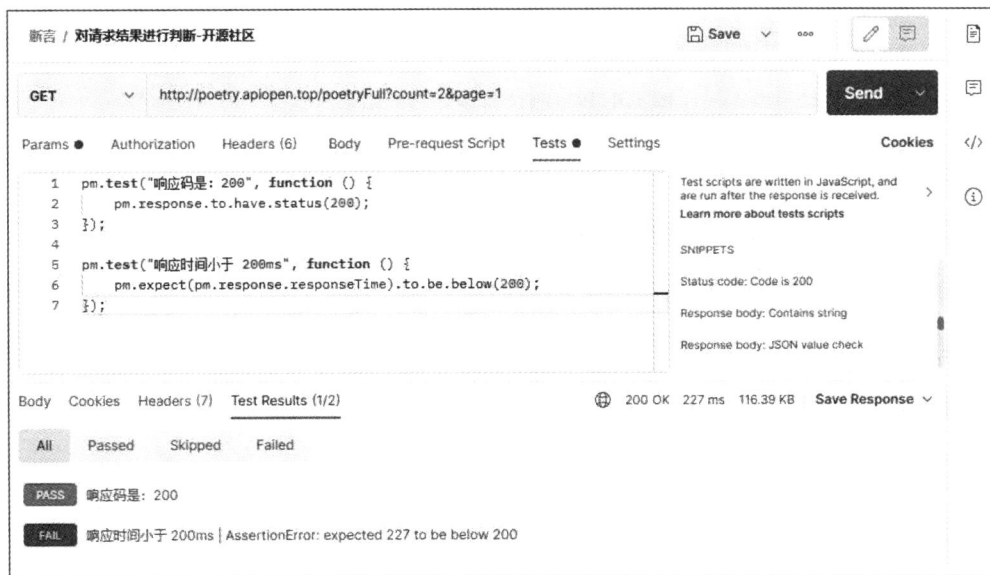

图 1.4.18　测试脚本和测试结果

(3)Response body:Contains string(检查响应体中是否包含一个字符串)

具体示例如下:

```
pm. test("Body matches string", function() {
        pm. expect(pm. response. text()). to. include("string_you_want_to_search");
});
```

(4)Response body:Is equal to a string(检查响应体等于一个字符串)

具体示例如下:

```
pm. test("Body is correct", function() {
        pm. response. to. have. body("response_body_string");
});
```

测试脚本和结果如图 1.4.19 所示。

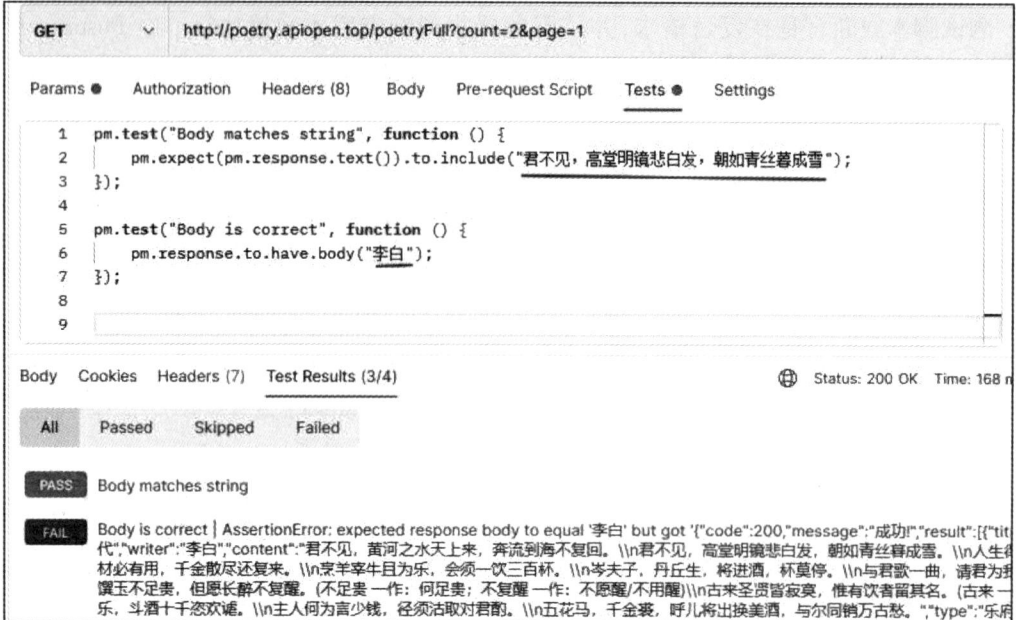

图 1.4.19　测试脚本和测试结果

（5）Status code：Code name has string（要求 code 名称中包含某个字符串）

具体示例如下：

```
pm. test("Status code name has string",function( ){
    pm. response. to. have. status("Created");
});
```

（6）Response headers：Content-Type header check（检查响应中包含某个 header）

具体示例如下：

```
pm. test("Content-Type is present",function( ){
    pm. response. to. have. header("Content-Type");
});
```

测试脚本和结果如图 1.4.20 所示。

（7）Response body：Convert XML body to a JSON Object（将 XML 格式的响应体转换成 JSON 对象）

具体示例如下：

```
var jsonObject = xml2Json(responseBody);
```

（8）Response body：JSON value check（检查响应体的 JSON 值）

具体示例如下：

```
pm. test("Your test name",function( ){
    var jsonData = pm. response. json( );
    pm. expect(jsonData. value). to. eql(100);
});
```

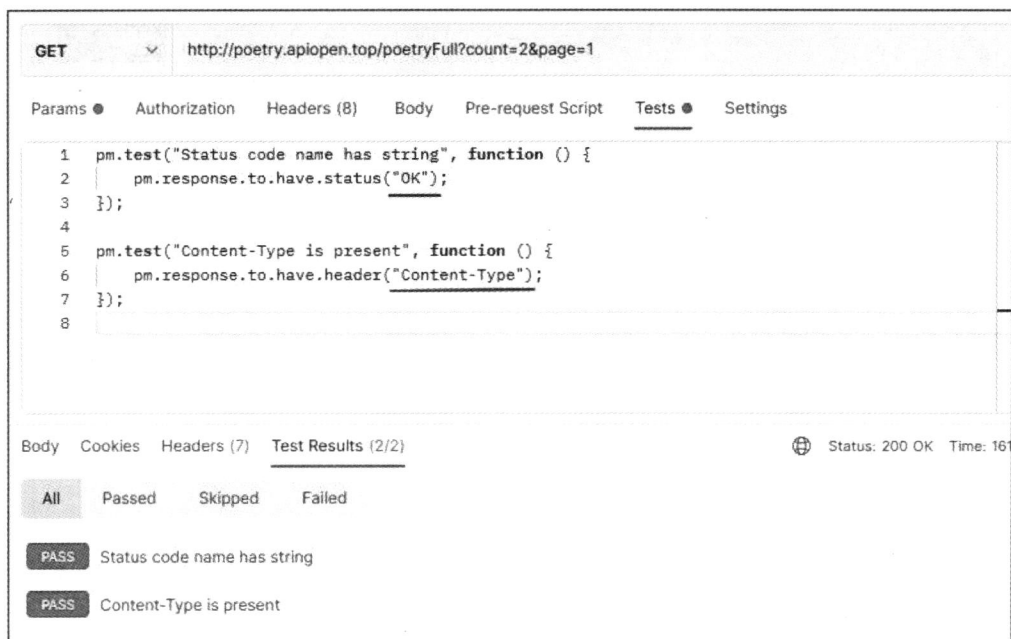

图 1.4.20　测试脚本和测试结果

测试脚本和结果如图 1.4.21 所示。

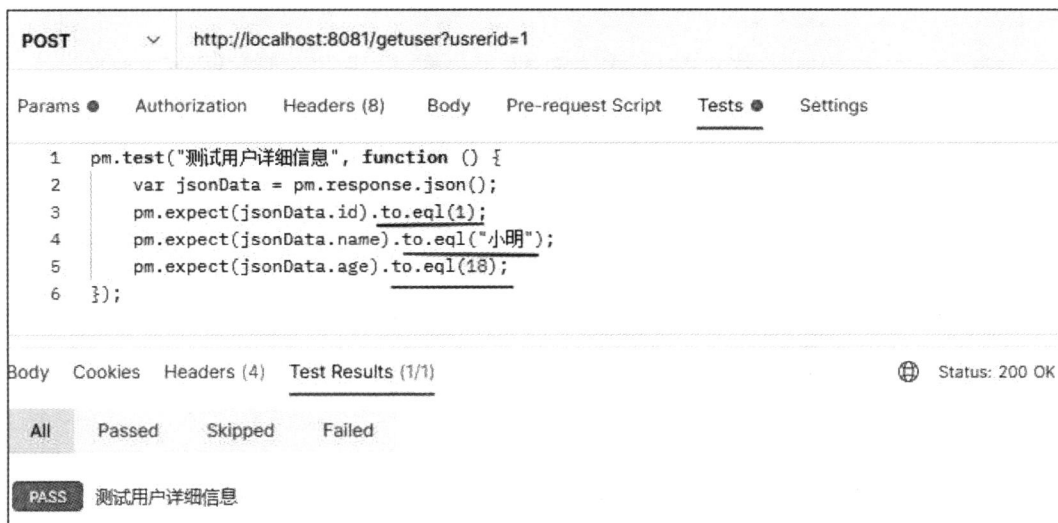

图 1.4.21　测试脚本和测试结果

12. 多层 JSON 数据引用

如果 HTTP 请求的响应值是组合的多层的字典型数据,如图 1.4.22 所示请求和响应数据,响应数据整体是一个字典,在字典中有嵌套列表,列表中又有字典。

对应这样复杂 JSON 数据写脚本测试,需要对复杂 JSON 数据进行引用,如图 1.4.23 给出 JSON 数据引用方法。

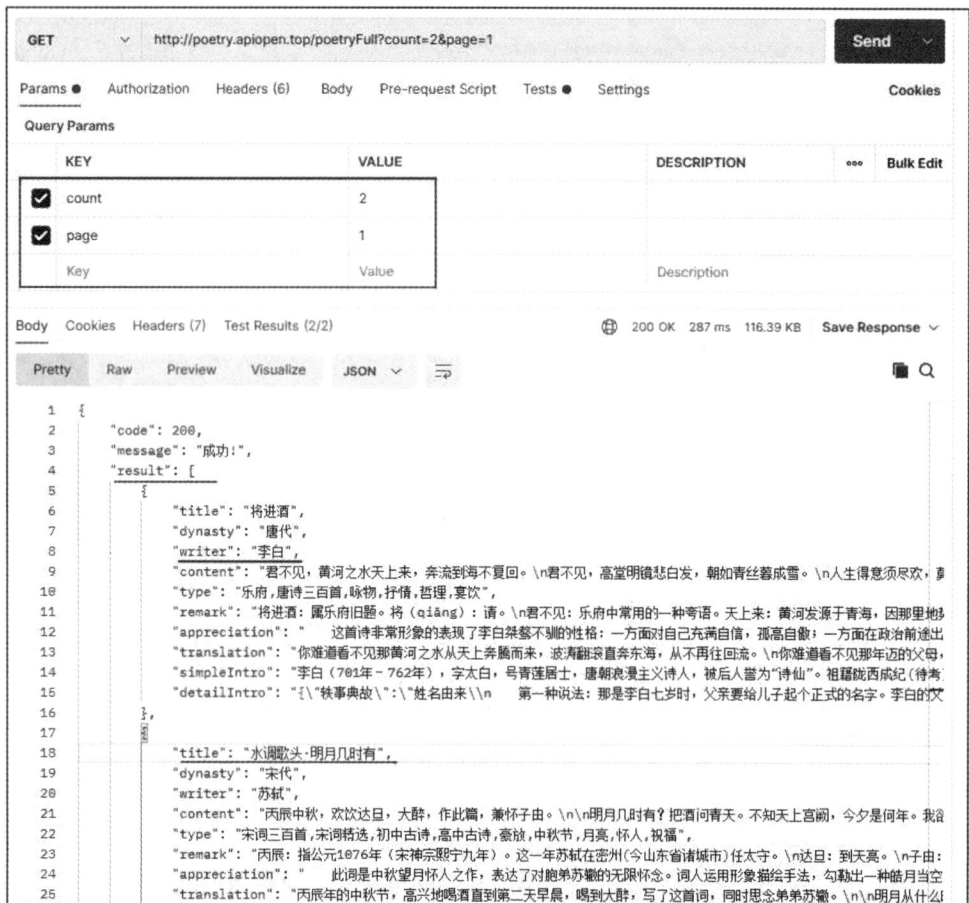

图 1.4.22　请求和响应信息

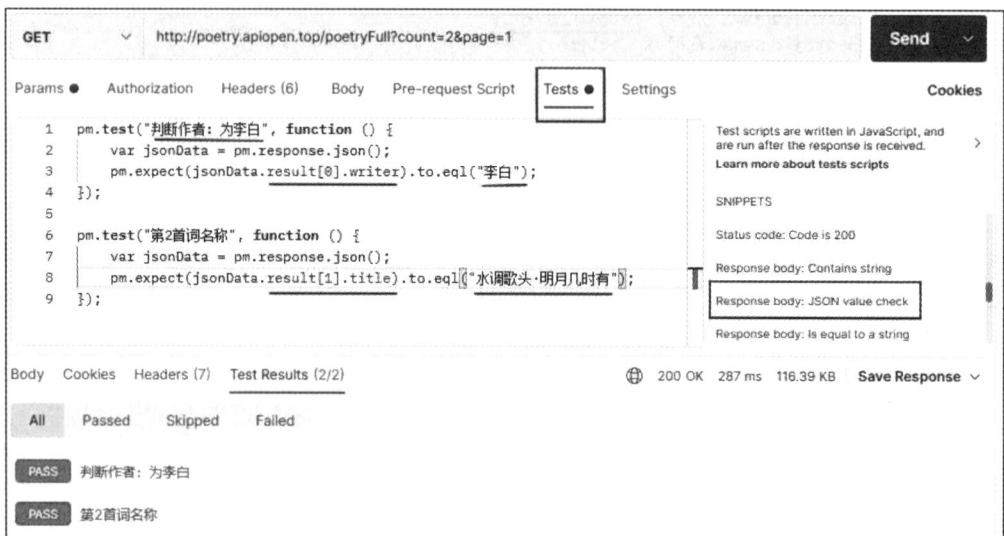

图 1.4.23　测试脚本和结果

二、计划与决策

1. 计划

根据工作任务描述和资讯内容,对工作任务进行分解,按照任务执行的顺序填写任务实施计划表(表1.4.5)。

表1.4.5　任务实施计划表

项目一	Postman 测试用户管理系统		
典型工作环节四	执行测试用例		
计划制订方式			
序号	工作步骤	实施人	注意事项
1			
2			
3			
4			
5			
6			
7			
8			
9			

2. 决策

分析项目接口测试API文档和接口模块测试用例,为测试用例设置检查点(断言),填写到测试用例检查点决策表(表1.4.6)中。

表 1.4.6　测试用例检查点决策表

测试用例 id	接口模块名称	用例标题	检查点 1	检查点 2
Pro1-001	获取用户信息	GET 请求获取用户信息成功	响应信息与预期是否一致	响应码是否为 200

三、工作任务实施

1. 实施任务步骤

（1）打开 Postman 软件，在左边栏新建集合，命名为用户管理系统。

（2）在用户管理系统集合中新建文件夹，命名获取用户信息 GET，在文件夹中添加第 1 条测试用例 HTTP 请求，命名 Pro1-001。

（3）在 HTTP 请求页面添加请求信息、测试脚本。

（4）点击 Send 按钮，查看响应信息和测试脚本运行结果（断言结果）。

（5）根据响应信息、断言结果，判断请求和断言设置是否正确。

（6）对请求区、测试脚本和响应区进行截图拷贝到第 1 条测试用例结果表中。

（7）依次添加获取用户信息 GET 所有测试用例,重复(3)~(6),执行该接口模块所有测试用例。

（8）在用户管理系统集合中依次添加获取用户信息 POST、获取用户信息 2、获取用户余额、修改用户余额、修改用户余额 2、上传文件等文件夹,重复(2)~(7),执行所有测试用例。

2. 填写测试结果表

测试用例的请求区、测试脚本(断言)和响应区截图添加到测试结果表中,同时填写项目测试用例表(表 1.4.7—表 1.4.16)中的相关项。(如果测试用例数量比较多,请自行添加表格)

表 1.4.7 测试用例:Pro1-001

内容	截图
HTTP 请求区	
测试脚本(断言)	
响应区	
是否通过	

表 1.4.8 测试用例:Pro1-002

内容	截图
HTTP 请求区	

续表

内容	截图
测试脚本（断言）	
响应区	
是否通过	

表 1.4.9　测试用例:Pro1-003

内容	截图
HTTP 请求区	
测试脚本（断言）	
响应区	
是否通过	

表 1.4.10　测试用例：Pro1-004

内容	截图
HTTP 请求区	
测试脚本（断言）	
响应区	
是否通过	

表 1.4.11　测试用例：Pro1-005

内容	截图
HTTP 请求区	
测试脚本（断言）	

续表

内容	截图
响应区	
是否通过	

表 1.4.12　测试用例:Pro1-006

内容	截图
HTTP 请求区	
测试脚本(断言)	
响应区	
是否通过	

表 1.4.13　测试用例:Pro1-007

内容	截图
HTTP 请求区	

续表

内容	截图
测试脚本(断言)	
响应区	
是否通过	

表 1.4.14 测试用例:Pro1-008

内容	截图
HTTP 请求区	
测试脚本(断言)	
响应区	
是否通过	

表 1.4.15　测试用例:Pro1-009

内容	截图
HTTP 请求区	
测试脚本(断言)	
响应区	
是否通过	

表 1.4.16　测试用例:Pro1-010

内容	截图
HTTP 请求区	
测试脚本(断言)	
响应区	
是否通过	

四、检查与评价

表 1.4.17　**学习行动检查与评价表**

项目一	Postman 测试用户管理系统			
典型工作环节四	执行测试用例			
序号	具体任务	分值标准	学习自评	组内互评
1	新建用户管理系统集合,并添加接口模块测试文件夹	5		
2	添加获取用户信息(GET)请求信息、测试脚本(断言),执行用例	10		
3	添加获取用户信息(POST)请求信息、测试脚本(断言),执行用例	10		
4	添加获取用户信息2请求信息、测试脚本(断言),执行用例	10		
5	添加获取用户余额请求信息、测试脚本(断言),执行用例	10		
6	添加修改用户余额请求信息、测试脚本(断言),执行用例	10		
7	添加修改用户余额2请求信息、测试脚本(断言),执行用例	10		
8	添加上传文件请求信息、测试脚本(断言),执行用例	10		
9	操作过程保持安静	5		
10	操作认真、严格按照流程进行	5		
11	软件截图清晰准确	15		
最终得分		100		
学生反思				
教师点评				

五、巩固练习

①Postman 内置的测试脚本(断言)有哪些?

②举例说明 Postman 内置脚本对 JSON 格式响应信息的引用。

典型工作环节五　编写测试报告

工作任务单(表 1.5.1)

表 1.5.1　工作任务单

项目一	Postman 测试用户管理系统		
典型工作环节五	编写测试报告	学时	4 学时
任务描述	(1)确定测试报告主要内容 (2)导出项目模块测试请求集合 (3)执行 Newman 命令生成项目模块测试报告 (4)分析项目模块集成测试报告 (5)统计项目测试用例执行结果和 Bug 数量 (6)编写项目测试总结报告		
学习目标	(1)了解软件测试总结报告的主要内容 (2)学会项目模块测试请求集合导出方法 (3)掌握 Newman 命令生成模块集成测试报告方法 (4)分析项目模块集成测试报告 (5)编写项目测试总结报告		
提交成果	(1)任务实施计划决策表 (2)项目集合测试报告 (3)项目测试总结报告		

一、资讯

通过 Newman 命令生成测试报告:

①从 Postman 导出项目模块单元请求集合,如图 1.5.1 所示。

②运行命令生成 html 报告:newman run 导出请求集合路径+文件名. json-r html-reporter-html-export 生成报告路径+生成报告文件名.html,如图 1.5.2 所示。

③在工作目录中查看生成报告,报告中包括请求的信息、时间、请求个数以及请求的结果等,如图 1.5.3 所示。

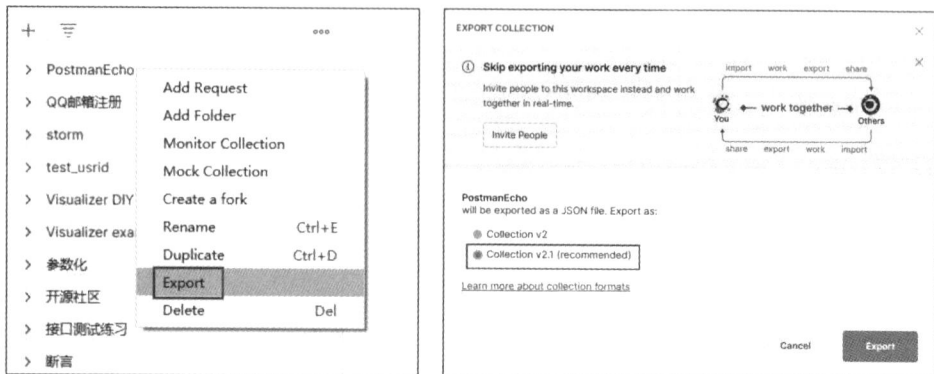

图 1.5.1　请求集合导出

```
C:\Users\flj>newman run d:\test\百度地图API.postman_collection.json -r html --reporter-html-export d:\test\百度地图测试.html

C:\Users\flj>        导出请求集合路径和文件                              生成报告路径和文件
```

图 1.5.2 生成报告

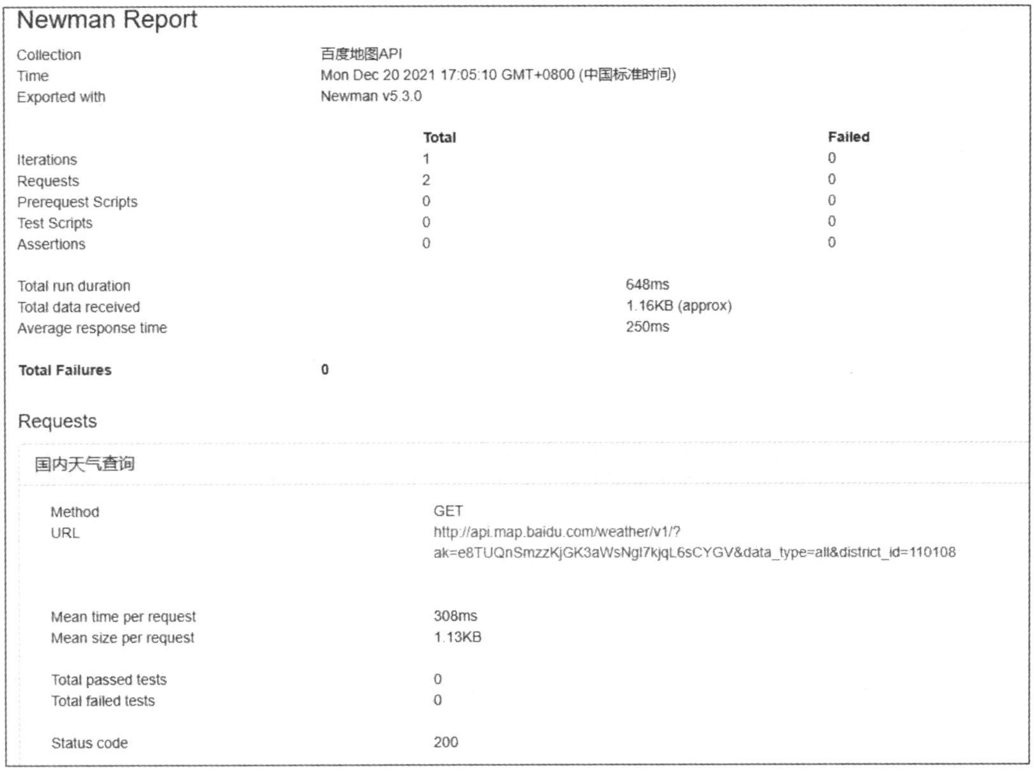

Newman Report

		Total		Failed
Collection	百度地图API			
Time	Mon Dec 20 2021 17:05:10 GMT+0800 (中国标准时间)			
Exported with	Newman v5.3.0			
Iterations		1		0
Requests		2		0
Prerequest Scripts		0		0
Test Scripts		0		0
Assertions		0		0
Total run duration		648ms		
Total data received		1.16KB (approx)		
Average response time		250ms		
Total Failures	0			

Requests

国内天气查询

Method	GET
URL	http://api.map.baidu.com/weather/v1/?ak=e8TUQnSmzzKjGK3aWsNgI7kjqL6sCYGV&data_type=all&district_id=110108
Mean time per request	308ms
Mean size per request	1.13KB
Total passed tests	0
Total failed tests	0
Status code	200

图 1.5.3 报告详情

二、计划与决策

根据任务描述和资讯内容,通过查询测试总结报告包含的部分和每部分编写主要内容,填写任务实施计划决策表(表 1.5.2)。

表 1.5.2 任务实施计划决策表

项目一	Postman 测试用户管理系统		
典型工作环节五	编写测试报告		
计划决策方式			
序号	工作步骤	主要内容	编写人
1			
2			

续表

序号	工作步骤	主要内容	编写人
3			
4			
5			
6			
7			
8			

三、工作任务实施

1.项目模块测试报告

从 Postman 导出项目集合,通过 Newman 命令生成项目模块测试报告。

2.编写项目测试总结报告

(1)测试概述(表 1.5.3)

表 1.5.3　编写目的和项目背景

类别	内容
编写目的	
项目背景	

（2）测试参考文档

接口测试 API 文档、测试计划、测试用例、测试 bug 缺陷报告清单。

（3）项目组成员（表1.5.4）

表1.5.4　项目成员和分工表

角色	人员	主要职责
测试负责人		
测试员		
测试员		

（4）测试设计介绍

①测试用例设计方法（表1.5.5）。

表1.5.5　测试用例设计方法表

序号	接口名称	测试用例设计方法
1	获取用户信息1（GET）	
2	获取用户信息1（POST）	
3	获取用户信息2	
4	获取用户余额	
5	修改用户余额1	
6	修改用户余额2	
7	上传文件	

②测试环境与配置(表 1.5.6)。

表 1.5.6　测试环境和配置表

类别	资源名称	资源说明
硬件环境	工作机	
	服务器	
软件环境	工作机操作系统	
	服务器操作系统	
测试工具	Postman	
	Newman	
	截图工具	

③测试方法(表 1.5.7)。

表 1.5.7　测试方法表

序号	测试名称	测试内容
1	黑盒测试	
2	白盒测试	
3	灰盒测试	
4	自动化测试	

(5)测试进度(表 1.5.8)

表 1.5.8　测试进度表

测试阶段	实际时间安排	参与人员	实际测试工作安排
分析 API 文档			
编写测试计划			
设计测试用例			

续表

测试阶段	实际时间安排	参与人员	实际测试工作安排
执行测试用例			
回归测试			
测试总结报告			

（6）测试用例汇总（表1.5.9）

表1.5.9 测试用例汇总表

序号	接口名称	测试用例总数	用例编写人	执行人	测试用例通过数量
0	登录	10	01_张三	01_张三	
1	获取用户信息1				
2	获取用户信息2				
3	获取用户余额				
4	修改用户余额1				
5	修改用户余额2				
6	上传文件				
用例合计/个			—	—	

（7）bug汇总（表1.5.10）

表1.5.10 bug汇总表

序号	接口名称	按bug严重程度个数					
		P1	P2	P3	P4	P5	合计
1	获取用户信息1						
2	获取用户信息2						
3	获取用户余额						
4	修改用户余额1						
5	修改用户余额2						
6	上传文件						
合计/个							

（8）测试结论

根据前面的测试用例汇总、bug 汇总和测试过程遇到问题,填写测试结论表(表1.5.11)。

表 1.5.11　测试结论表

类别	内容
测试总结	
测试质量评价	
遇到问题	
测试收获	

填表说明:

①测试总结包括项目测试类型(功能测试、性能测试等),测试的模块数量,设计编写多少测试用例,测试用例通过率。

②测试质量评价包括测试系统的 bug 数量,影响系统正常运行的 bug(P1、P2、P3)数量,影响用户体验的 bug(P4、P5)数量,系统整体存在的问题,是否需要进行回归测试,系统是否可以发布或上线等。

四、检查与评价

表 1.5.12　学习行动检查与评价表

项目一		Postman 测试用户管理系统			
典型工作环节五		编写测试报告			
序号	具体任务	分值标准	学生自评	组内互评
1	生成项目单元测试报告	5		
2	编写项目测试目标和背景	5		
3	编写参考文档	5		
4	填写测试用例方法	5		
5	填写测试环境和配置	5		
6	编写测试方法	10		
7	填写测试进度表	10		
8	统计并填写测试用例汇总表	10		

续表

序号	具体任务	分值标准	学生自评	组内互评
9	统计并填写 bug 汇总表	10		
10	编写测试结论	10		
11	编写过程保持安静	5		
12	测试报告符合要求并完整	10		
13	编写的报告符合行业规范	10		
最终得分		100		
学生反思				
教师点评				

五、巩固练习

①测试报告包括哪几部分内容?

②测试总结包括哪些内容?

③怎样对测试质量进行评价?

项目二　JMeter 测试学院信息系统

项目描述

　　学院信息系统的功能是对学院的信息(学院 id、学院名称、院长信息、学院的口号)进行查询、新增、修改、删除等。项目通过分析学院信息管理系统的 API 文档,利用接口测试工具软件 Apache JMeter 和 Apache Ant 实现 9 个接口模块测试以及集成自动化测试。掌握软件接口测试中测试环境安装与配置、测试计划书编写、测试用例设计和编写、测试用例执行、编写测试报告等典型工作环节的工作流程。

项目二参考资料

　　项目在实施过程中,每个典型工作环节课时安排如下:

序号	典型工作环节	课时
1	配置测试环境	2
2	编写测试计划	4
3	设计测试用例	4
4	执行测试用例	10
5	编写测试报告	4
总学时		24

典型工作环节一　配置测试环境

工作任务单(表 2.1.1)

表 2.1.1　工作任务单

项目二	JMeter 测试学院信息系统		
典型工作环节一	配置测试环境	学时	2 学时
任务描述	(1)了解 Apache JMeter 软件基本构成 (2)安装 Java 软件 (3)安装 Apache JMeter 软件并配置中文菜单 (4)安装配置集成测试软件 Apache Ant (5)验证测试软件安装正确性		

续表

学习目标	(1)了解 Apache JMeter 软件基本构成 (2)安装 Java 软件并配置环境变量 (3)安装配置 Apache JMeter 软件 (4)安装配置集成测试软件 Apache Ant (5)验证测试工具软件安装正确性
提交成果	(1)任务实施计划表 (2)任务实施决策表 (3)软件安装配置表 (4)软件测试验证表

一、资讯

1. JMeter 简介

Apache JMeter 是 Apache 组织开发的基于 Java 的针对功能和性能的测试工具。最初 JMeter 是为 Web/HTTP 测试而设计的,但是后来它已经扩展到支持各种各样的测试模块。

JMeter 可以用于测试静态或者动态资源的性能(如静态文件、Java 服务程序、Servlet、CGI 脚本、Perl 脚本、Java 对象、数据库和查询、FTP 服务器或者其他资源)。

JMeter 可以用于模拟对服务器、网络或对象加以巨大的负载,在不同压力类别下测试它们的强度,分析整体性能。另外,JMeter 能够对应用程序做功能/回归测试,通过创建带有断言的脚本来验证程序员程序返回期望的结果。为了获得最大限度的灵活性,JMeter 允许使用正则表达式创建断言。同时它还提供了一个可替换的界面用来定制数据显示,测试的同步及测试的创建和执行。

2. JMeter 的基本结构

打开 JMeter 软件,可以看到 JMeter 页面由测试计划和工作台两部分组成。测试计划由测试元素组成,包括线程组、取样器、设置断言、监听器和配置元素等几个部分,如图 2.1.1 所示。测试计划包含执行测试脚本的所有步骤,测试计划中的内容按照从上到下的顺序执行,或者按照测试计划定义的顺序执行。

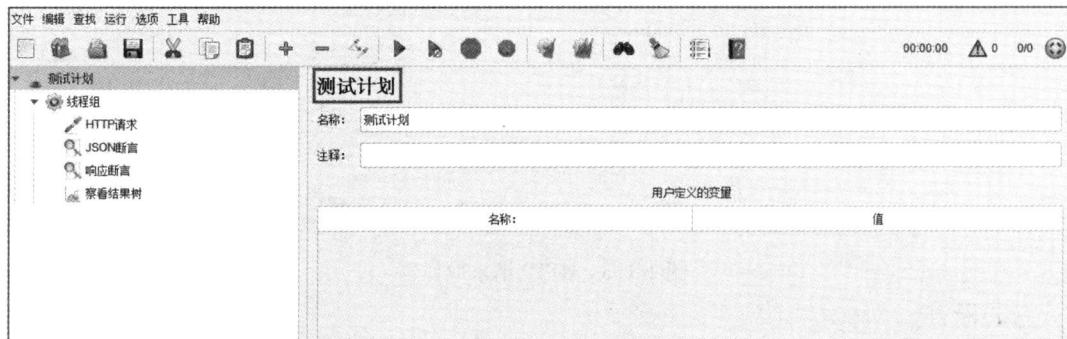

图 2.1.1　测试计划组成

（1）线程组

线程组可以看作一个虚拟用户组,线程组中的每个线程都可以理解为一个虚拟用户,如图2.1.2所示。线程组中包含的线程数量在测试执行过程中是不会发生改变的,用于模拟多用户操作,类似于虚拟用户。

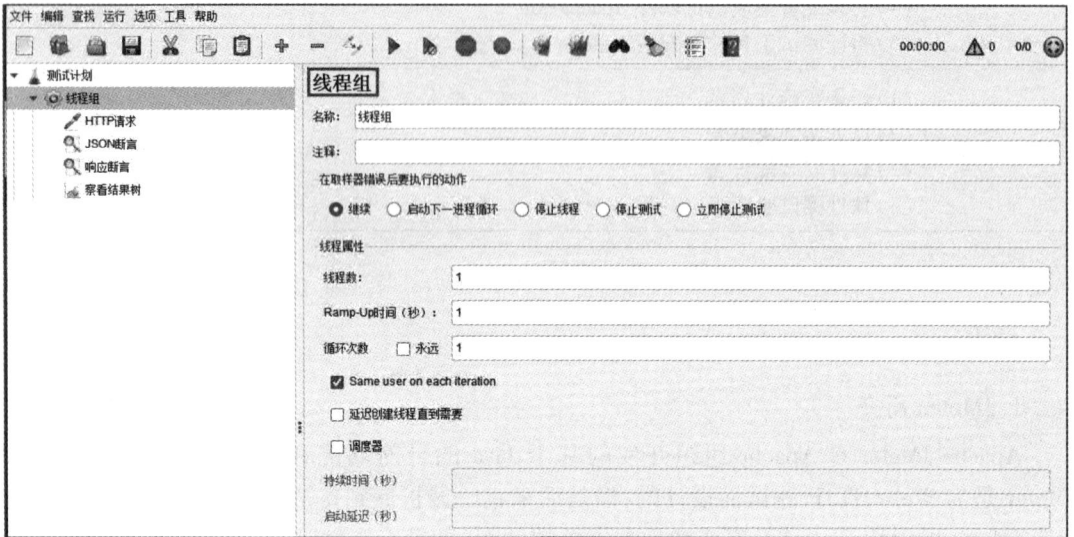

图2.1.2　线程组

（2）取样器

取样器(Sampler)是测试中向服务器发送请求,记录响应信息,记录响应时间的最小单元。JMeter支持多种不同的取样器用于获取被监控数据的类型,每一种不同类型的取样器可以根据设置的参数向服务器发出不同类型的请求。如图2.1.3所示,添加了一个HTTP请求的取样器。

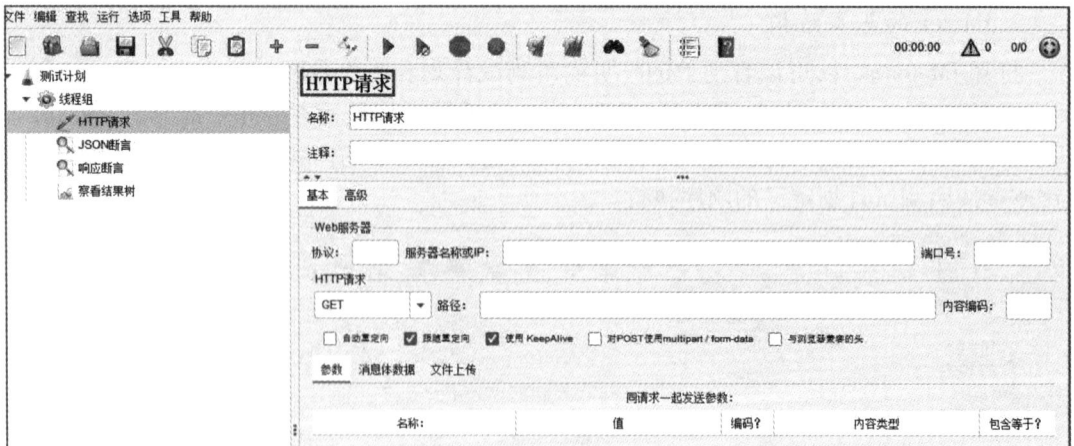

图2.1.3　HTTP请求取样器

（3）断言

断言用于检查测试中得到的相应数据等是否符合预期,断言一般用来设置检查点,用以检查测试过程中的数据交互是否与预期一致。如图2.1.4所示添加的响应断言。

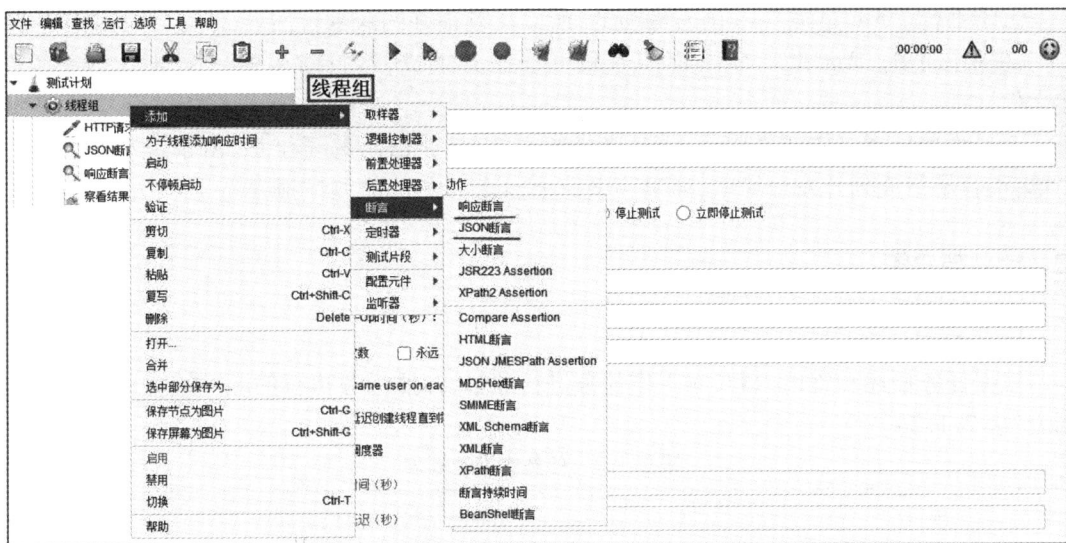

图 2.1.4　添加响应断言

（4）监听器

监听器是用来对测试结果数据进行处理和可视化展示的一系列元件。如图 2.1.5 所示，察看结果树、汇总报告、聚会报告、断言结果等是常用查看测试结果的元件。

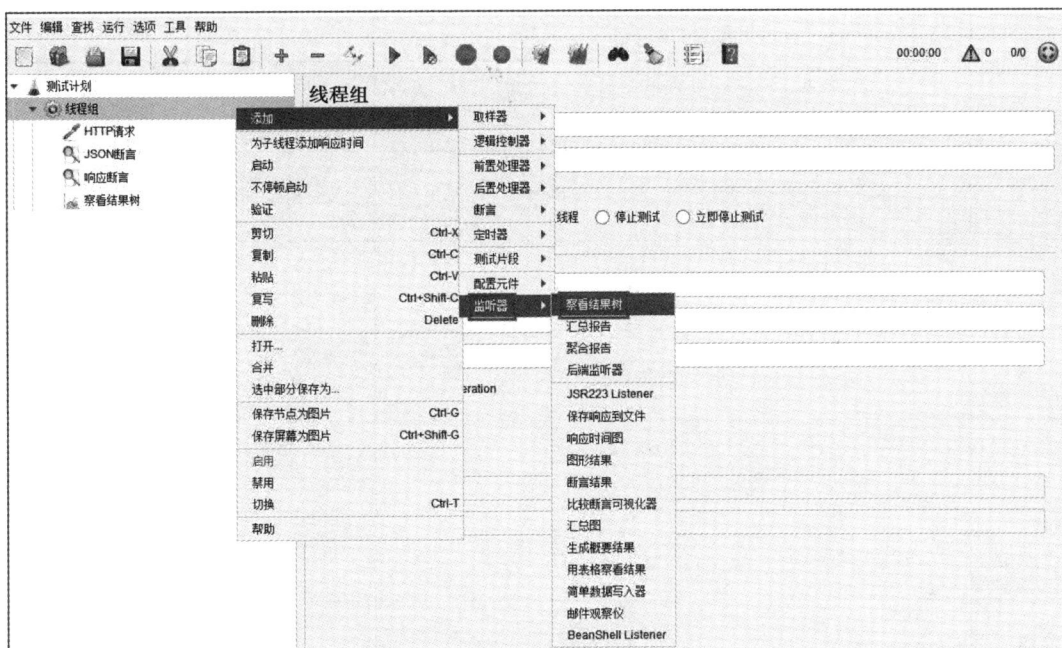

图 2.1.5　添加监听器

3. Ant 介绍

Ant 是一个 Java 库和命令行工具，将软件编译、测试、部署等步骤联系在一起的自动化工具，Ant 的主要用途是构建 Java 应用程序。Ant 提供了许多内置的任务，可以编译、组装、测试和运行 Java 应用程序。JMeter 和 Ant 是比较常见的自动化测试框架。Ant 的优点如下：

①跨平台。Ant 是纯 Java 语言编写的,所以具有很好的跨平台性。

②操作简单。Ant 由一个内置任务和可选任务组成,运行时需要一个 XML 文件(构建文件)。

③易维护集成。构建文件是 XML 格式的文件,结构清晰易于维护,由于跨平台和操作简单,很容易集成到开发环境中,通过测试结果构建生成 html 测试报告。

二、计划与决策

1. 计划

根据任务描述和资讯内容,对工作任务进行分解,按照任务执行的顺序填写任务实施计划表(表2.1.2)。

表 2.1.2　任务实施计划表

项目二	JMeter 测试学院信息系统		
典型工作环节一	配置测试环境		
计划制订方式			
序号	工作步骤	实施人	注意事项
1			
2			
3			
4			
5			
6			
7			
8			
9			

2. 决策

根据任务实施计划和软件安装参考资料，下载 Java、Apache JMeter、Apache Ant 软件的 Windows 安装包，填写任务实施决策表（表2.1.3）。

表2.1.3　任务实施决策表

序号	软件名称	下载网站（建议从官网下载）	软件版本	备注
1				
2				
3				

三、工作任务实施

1. 安装和配置软件

参考软件安装教程，按顺序安装相应软件，成功后截图填写软件安装和配置表（表2.1.4）。

表2.1.4　软件安装和配置表

软件名称	截图
Java	
Apache JMeter	JMeter 软件界面和菜单需要配置为中文，并且修改响应编码 encoding＝utf-8
Ant	

2. 测试验证

JMeter 软件安装配置完成后，通过百度首页进行测试验证，测试验证结果填写在表2.1.5中。

表 2.1.5　软件测试验证表

测试步骤（软件使用步骤）	
请求界面和请求参数截图	
响应界面截图	
测试验证结论	

四、检查与评价

表 2.1.6　学习行动检查与评价表

项目二	JMeter 测试学院信息系统		
典型工作环节一	配置测试环境		
序号	具体任务	分值标准	学生自评	组内互评
1	下载软件 Java(JDK)、Apache JMeter、Ant	10		
2	安装 Java	5		
3	解压 JMeter 软件并配置为中文	15		
4	解压 Ant 软件并修改配置文件	15		
5	测试验证 JMeter 软件	15		
6	操作过程保持安静	10		
7	操作认真、严格按照流程进行	10		

续表

序号	具体任务	分值标准	学生自评	组内互评
8	软件截图清晰准确	20		
	最终得分	100		
学生反思				
教师点评				

五、巩固练习

①Apache JMeter 软件的功能有哪些？

②Ant 软件的功能有哪些？

典型工作环节二　编写测试计划

工作任务单(表 2.2.1)

表 2.2.1　工作任务单

项目二	JMeter 测试学院信息系统		
典型工作环节二	编写测试计划	学时	4 学时
任务描述	(1)确定测试计划主要内容 (2)分析用户管理系统接口 API 文档 (3)根据 API 文档,提取各模块测试功能点和重点 (4)制订整体测试方案 (5)分析测试风险 (6)确定测试验收标准 (7)编写测试计划书		

续表

学习目标	（1）了解软件测试计划包含的主要内容 （2）分析接口模块 URL、请求参数、请求方法、前置条件和响应信息 （3）根据接口 API 文档，从接口模块的输入、业务逻辑、输出三个方面提取模块测试功能点和重点 （4）学会制订测试方案、分析测试风险和确定测试验收标准 （5）编写测试计划书
提交成果	（1）任务实施计划决策表 （2）项目接口测试计划书

一、资讯

测试计划是为了确认需求、确定测试环境及测试方法，为设计测试用例做准备，初步制订接口测试进度方案。接口测试计划包含概述、测试环境、测试功能及重点、测试策略、测试风险、测试标准等。

编写学院信息系统接口测试计划过程中需要学院信息系统接口 API 文档如下所示。

1. 项目说明

学院信息管理系统的功能是管理学院的基本信息，实现学院信息的增、删、改、查等功能。

2. 学院信息和属性

学院信息主要包括学院编号、学院名称、院长名称及口号等。学院信息数据属性如表 2.2.2 所示。

表 2.2.2　数据属性表

属性	属性描述	是否必填	备注
dep_id	学院编号、主键	新增必填	最长 20 位唯一
dep_name	学院名称	是	最长 20 位唯一
master_name	院长名称	是	最长 20 位
slogan	口号	否	最长 20 位

3. 数据属性操作

（1）新增学院信息（表 2.2.3）

表 2.2.3　新增学院信息接口信息表

项目	内容
描述	添加新的学院信息
请求 URL	http://127.0.0.1:8099/api/departments/

续表

项目	内容
请求方法	POST

请求参数	以 JSON 格式提交学院信息
	"data":[
	　　{
	　　　"dep_id":"001",
	　　　"dep_Name":"传智学院",
	　　　"master_Name":"老张",
	　　　"slogan":"不睡觉"
	　　}
	　]

响应状态码	201

返回信息	以 JSON 格式回显添加的学院信息
	{
	　"already_exist":{
	　　"count":0,
	　　"results":[ ]
	　},
	　"create_success":{
	　　"count":1,
	　　"results":[
	　　　{
	　　　　"dep_id":"001",
	　　　　"dep_Name":"传智学院",
	　　　"master_Name":"老张",
	　　　"slogan":"不睡觉"
	　　　}
	　　]
	　}
	}

备注	提交参数可以是 1 组或多组

（2）修改学院信息（表2.2.4）

表2.2.4　修改学院信息接口信息表

项目	内容
描述	修改学院信息
请求 URL	http://127.0.0.1:8099/api/departments/T01
请求方法	PUT

续表

项目	内容

请求参数	以 JSON 格式提交学院信息
	"data" : [
	　　　　{
	　　　　"dep_id" : "T01",
	　　　　"dep_Name" : "新学院名称",
	　　　　"master_Name" : "新院长名称",
	　　　　"slogan" : "新口号"
	　　　　}
	　　　　]

响应状态码	200

返回信息	以 JSON 格式回显添加的学院信息
	　　　　{
	　　　　"dep_id" : "T01",
	　　　　"dep_Name" : "新学院名称",
	　　　　"master_Name" : "新院长名称",
	　　　　"slogan" : "新口号"
	　　　　}

备注	提交和返回信息都是 JSON 格式

(3)删除学院信息(表2.2.5)

表 2.2.5　删除学院信息接口信息表

项目	内容
描述	根据学院的 id 删除学院信息
请求 URL	http://127.0.0.1:8099/api/departments/T01
请求方法	DELETE
请求参数	无
响应状态码	204
返回信息	无
备注	学院 id 是数据库中存在的,否则状态码 404

（4）查询所有学院信息（表2.2.6）

表2.2.6 查询所有学院信息接口信息表

项目	内容
描述	查询所有学院信息
请求 URL	http://127.0.0.1:8099/api/departments/
请求方法	GET
请求参数	无
响应状态码	200

返回信息	显示所有的学院信息
	[
	　　{
	　　　　"dep_id":"T01",
	　　　　"dep_name":"新学院名称",
	　　　　"master_name":" 新院长名称",
	　　　　"slogan":"新口号"
	　　},
	　　{
	　　　　"dep_id":"T02",
	　　　　"dep_Name":"新学院名称 ",
	　　　　"master_Name":"新院长名称",
	　　　　"slogan":"新口号"
	　　}
	　　....
	]

备注	返回信息是列表格式

（5）查询指定学院信息（表2.2.7）

表2.2.7 查询指定学院信息接口信息表

项目	内容
描述	查询指定学院信息
请求 URL	http://127.0.0.1:8099/api/departments/{要查询的学院 id}
请求方法	GET
请求参数	无
响应状态码	200

续表

项目	内容

返回信息	显示指定学院信息
	{
	    "dep_id":"T01",
	    "dep_name":"新学院名称",
	    "master_name":"新院长名称",
	    "slogan":"新口号"
	}

备注	返回信息是 JSON 格式

(6)根据 id 列表查询(表 2.2.8)

表 2.2.8　根据 id 列表查询学院信息接口信息表

项目	内容
描述	根据 id 列表查询学院信息
请求 URL	http://127.0.0.1:8099/api/departments/
请求方法	GET
请求参数	$dep_id_list = T01,T02,T03
响应状态码	200

返回信息	显示与 id 对应的学院信息
	[
	    {
	        "dep_id":"T01",
	        "dep_Name":"学院名称1",
	        "master_Name":"院长名称1",
	        "slogan":"口号1"
	    },
	    {
	        "dep_id":"T02",
	        "dep_Name":"学院名称2",
	        "master_Name":"院长名称2",
	        "slogan":"口号2"
	    },
	    {
	        "dep_id":"T03",
	        "dep_Name":"学院名称3",
	        "master_Name":"院长名称3",
	        "slogan":"口号3"
	    }
	]

备注	返回信息是列表格式

（7）根据院长列表查询（表2.2.9）

表2.2.9　根据院长列表查询学院信息接口信息表

项目	内容
描述	根据院长列表查询学院信息
请求 URL	http://127.0.0.1:8099/api/departments/
请求方法	GET
请求参数	$master_name_list = java_Master,Test_master $master_name_list 为键名称,Java-Master,Test-Master 为院长名称
响应状态码	200

返回信息	显示与院长对应的学院信息
	[
	　{
	　　"dep_id":"T01",
	　　"dep_Name":"学院名称1",
	　　"master_Name":"Java-Master",
	　　"slogan":"口号1"
	　},
	　{
	　　"dep_id":"T02",
	　　"dep_Name":"学院名称2",
	　　"master_Name":"Test-Master",
	　　"slogan":"口号2"
	　}
	]

备注	返回信息是列表格式

（8）模糊查询（表2.2.10）

表2.2.10　模糊查询学院信息接口信息表

项目	内容
描述	根据指定字符模糊查询学院信息
请求 URL	http://127.0.0.1:8099/api/departments/
请求方法	GET
请求参数	blur=1&dep_name=C Blur=1 标志开启模糊查询,非1 则不适用模糊查询,dep_name 指根据学院名称执行模糊操作
响应状态码	200

续表

项目	内容

返回信息	显示学院名称包含指定字符的学院相关信息
	
	``[
	    {
	        "dep_id" : "T100" ,
	        "dep_Name" : " C 语言" ,
	        "master_Name" : "院长名称 100" ,
	        "slogan" : "口号 100"
	    } ,
	    {
	        "dep_id" : "T101" ,
	        "dep_Name" : " C++" ,
	        "master_Name" : "院长名称 101" ,
	        "slogan" : "口号 101"
	    }
	]```

备注	模糊查询第 2 个参数可以是 dep_name、master_name 或 slogan

(9)多条件查询(表 2.2.11)

表 2.2.11 多条件查询学院信息接口信息表

项目	内容
描述	可以根据院长名称、学院名称、口号等多条件查询学院信息
请求 URL	http://127.0.0.1:8099/api/departments/
请求方法	GET
请求参数	slogan＝Here is Slogan&master_name＝Test-Master&dep_name＝Test 学院
响应状态码	200
返回信息	显示都符合的学院信息 ```{ "dep_id" : "Test" , "dep_Name" : "Test 学院" , "master_Name" : "Test-Master" , "slogan" : "Here is Slogan" }```
备注	

提交数据有误时,返回相关错误提示,格式如下:

```
{

"status" : "状态码",
```

"message" : "错误描述"

}

二、计划与决策

根据任务描述和资讯内容,通过搜索、查询测试计划包含的主要部分以及每部分编写主要内容,填写任务实施计划决策表(表2.2.12),其中工作步骤(填写测试计划标题)按照任务实施顺序填写。

表 2.2.12　任务实施计划决策表

项目二	JMeter 测试学院信息系统		
典型工作环节二	编写测试计划		
计划决策方式			
序号	工作步骤	主要内容	编写人
1			
2			
3			
4			
5			
6			
7			
8			
9			

三、工作任务实施

编写项目的测试计划(按照以下模板填写)。

1．概述

（1）测试目的和任务（表2.2.13）

表2.2.13　测试目的和任务表

类别	内容
测试目的	
测试任务	

（2）参考资料（表2.2.14）

表2.2.14　参考资料表

文档（版本/日期）	作者	备注
《＿＿＿＿＿需求文档.docx》		
《＿＿接口API文档.docx》		

（3）测试应提交文档（表2.2.15）

表2.2.15　提交文档表

提交时间	编写人员	文档名称
年　月　日		＿＿＿＿＿测试计划
年　月　日		＿＿＿＿＿测试用例
年　月　日		＿＿＿＿＿测试报告

2. 测试资源

(1)测试资源(表 2.2.16)

表 2.2.16 测试资源表

类别	资源名称	资源说明
硬件环境	工作机	
	服务器	
软件环境	工作机操作系统	
	服务器操作系统	
测试工具	Apache JMeter	
	Ant	
	截图工具	

(2)测试组成员(表 2.2.17)

表 2.2.17 测试成员表

角色	人员	主要职责
测试负责人		
测试员		
测试员		

(3)测试里程碑计划(表 2.2.18)

表 2.2.18 测试里程碑计划表

任务分解	工作量	开始时间	结束时间	负责人
集成/软件测试计划编写				
集成/软件测试计划评审				
集成/软件测试用例设计				
集成/软件测试用例评审				
集成/软件测试用例执行				

续表

任务分解	工作量	开始时间	结束时间	负责人
集成/软件测试报告				
集成/软件测试问题修复验证				

3. 测试功能以及重点

（1）测试对象

测试组只对学院信息系统该接口的 9 个接口模块的功能做测试，通过分析《学院信息系统接口 API》文档，从每个接口模块的输入、业务逻辑、输出三个方面提取测试功能及重点，填写以下的表格。

（2）测试功能及重点

①新增学院信息（表 2.2.19）。

表 2.2.19　新增学院信息

项目	内容
测试目标	
测试范围	
技术	
接口 Case 示例	
完成标准	
测试重点和优先级	

②修改学院信息（表2.2.20）。

表 2.2.20　修改学院信息

项目	内容
测试目标	
测试范围	
技术	
接口 Case 示例	
完成标准	
测试重点和优先级	

③删除学院信息（表2.2.21）。

表 2.2.21　删除学院信息

项目	内容
测试目标	
测试范围	
技术	
接口 Case 示例	
完成标准	
测试重点和优先级	

④查询所有(表 2.2.22)。

表 2.2.22　查询所有

项目	内容
测试目标	
测试范围	
技术	
接口 Case 示例	
完成标准	
测试重点和优先级	

⑤指定查询(表 2.2.23)。

表 2.2.23　指定查询

项目	内容
测试目标	
测试范围	
技术	
接口 Case 示例	

项目	内容
完成标准	
测试重点和优先级	

⑥根据 id 列表查询(表 2.2.24)。

表 2.2.24　根据 id 列表查询

项目	内容
测试目标	
测试范围	
技术	
接口 Case 示例	
完成标准	
测试重点和优先级	

⑦根据院长列表查询(表 2.2.25)。

表 2.2.25　根据院长列表查询

项目	内容
测试目标	
测试范围	

续表

项目	内容
技术	
接口 Case 示例	
完成标准	
测试重点和优先级	

⑧模糊查询(表2.2.26)。

表 2.2.26　模糊查询

项目	内容
测试目标	
测试范围	
技术	
接口 Case 示例	
完成标准	
测试重点和优先级	

⑨多条件查询(表2.2.27)。

表 2.2.27　多条件查询

项目	内容
测试目标	
测试范围	
技术	
接口 Case 示例	
完成标准	
测试重点和优先级	

(3)自动化测试(表2.2.28)

表 2.2.28　自动化测试

项目	内容
测试目标	
测试范围	
技术	
接口 Case 示例	

续表

项目	内容
完成标准	
测试重点和优先级	

4. 软件测试策略（表 2.2.29）

表 2.2.29　测试策略表

项目	内容	备注
整体测试方案		
测试类型		
性能测试方案		
回归测试方案		

5. 测试风险

本次测试过程中，可能出现的风险填写在表 2.2.30 中。

表 2.2.30　测试风险表

风险类型	内容	解决方案
需求风险		
测试用例风险		
缺陷风险		
测试技术风险		
时间风险		
其他风险		

6.测试标准

(1)测试指标

在项目 bug 管理中,根据 bug 的严重程度和优先级从高到低,分为五级 P1—P5,如表 2.2.31 所示。

表 2.2.31 bug 分级表

问题严重程度	严重程度描述	优先级
P1	导致系统崩溃,数据丢失,响应码出现 404、500 等,访问速度过慢等,需求中的功能没有实现	立即修改,影响测试进度
P2	功能完全错误,错误非常明显,下载失败、参数格式错误、数据异常、接口回调数据异常、UI 明显有问题	急需修改,影响用户使用
P3	较高,功能部分错误、参数名称错误等,功能有缺陷	应修改,影响用户体验
P4	一般错误,错误不明显,小问题,客户要求改善需求体验等问题	建议修改,加强用户体验
P5	增加用户体验的建议问题	建议修改,加强用户体验

(2)测试验收标准

根据表 2.2.31 中 bug 分级标准,在表 2.2.32 中填写项目测试验收标准。

表 2.2.32 测试验收标准表

问题严重程度	验收的标准
P1	
P2	
P3	
P4	
P5	

四、检查与评价

表 2.2.33 学习行动检查与评价表

项目二		JMeter 测试学院信息系统			
典型工作环节二		编写测试计划			
序号	具体内容	分值标准	得分	备注
---	---	---	---	---
1	编写完成测试计划概述	5		
2	编写完成测试计划资源	5		
3	编写新增学院信息测试功能和重点	8		
4	编写修改学院信息测试功能和重点	8		
5	编写删除学院信息测试功能和重点	8		
6	编写查询所有测试功能和重点	5		
7	编写指定查询测试功能和重点	7		
8	编写根据 id 查询测试功能和重点	7		
9	编写根据院长列表查询测试功能和重点	7		
10	编写模糊查询测试功能和重点	8		
11	编写多条件查询测试功能和重点	7		
12	编写完成测试策略	5		
13	编写完成测试风险	5		
14	编写完成测试标准	5		
15	编写过程保持安静	5		
16	编写认真、严格按照流程进行	5		
最终得分		100		
学生反思				
教师点评				

五、巩固练习

①查询软件测试管理工具软件有哪些？
②查询 Bug 分类标准。

典型工作环节三 设计测试用例

工作任务单(表2.3.1)

表2.3.1 工作任务单

项目二	JMeter 测试学院信息系统		
典型工作环节三	设计测试用例	学时	4 学时
任务描述	(1)学习接口测试用例设计方法 (2)分析项目各模块接口测试功能和重点 (3)填写各模块测试用例设计方法表 (4)填写各模块测试用例设计表 (5)填写项目接口测试用例表		
学习目标	(1)学习从输入参数、接口处理逻辑、输出结果设计接口测试用例方法 (2)设计添加学院信息测试用例 (3)设计修改学院信息测试用例 (4)设计查询所有测试用例 (5)设计根据已知条件查询测试用例 (6)设计模糊查询测试用例 (7)填写规范项目接口测试用例表		
提交成果	(1)任务实施计划表 (2)项目模块测试用例设计方法表 (3)项目模块测试用例设计表 (4)学院信息系统测试用例表		

一、资讯

一个典型的接口模块通常是由输入、接口处理逻辑、输出三部分构成,如图2.3.1所示。输入就是常见的接口输入参数;当接口输入参数后,接口会执行相关处理逻辑;接口处理后有的有参数输出,有的没有。

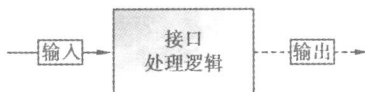

图2.3.1 接口构成

接口测试用例设计,主要从输入、接口处理、输出三个方面考虑:

➢输入:可以按照参数类型进行用例设计

➢接口处理:可以按照逻辑进行用例设计

➢输出:可以根据结果进行分析设计

1.输入参数测试用例设计

常见的接口输入的参数有数值型、字符串型、数组或链表、结构体,如图2.3.2所示。结构体是一些元素的结合,元素也是数值型、字符串型和数组或链表。

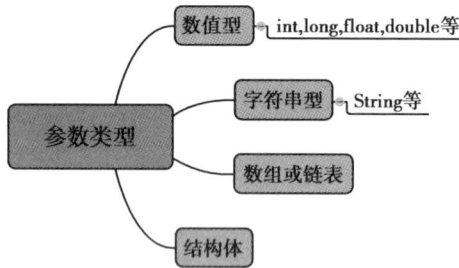

图 2.3.2   参数类型

（1）测试用例设计方法

表 2.3.2 详细说明数值型、字符串型、数组或链表三种参数类型用例设计方法。

表 2.3.2   输入参数用例设计方法

参数类型和用例设计方法	说明
	数值型参数用例设计方法。如果参数规定了取值的范围，需要考虑：等价类取值范围内、取值范围外；取值的边界，最大值、最小值；一些特殊的值如 0（空）、负数、小数等是否满足要求；如有需要，可能会遍历取值范围内的各个值
	字符串型的参数，主要考虑字符串的长度和内容：长度可以用等价类、边界值、特殊值等方法；内容主要考虑特殊字符、特定字符和敏感字符等
	数组和链表用例设计考虑成员个数和内容：成员个数可以用等价类、边界值、特殊值等方法；成员内容可以用等价类、重复法等方法

（2）测试用例设计示例

示例 2-1：新增学院信息测试用例设计分析，如表 2.3.3 所示。

表 2.3.3　新增学院信息测试用例设计分析

类别	设计分析			
请求参数	请求参数如下：			
	属性	属性描述	是否必填	备注
	dep_id	学院编号、主键	新增必填	最长 20 位唯一
	dep_name	学院名称	是	最长 20 位唯一
	master_name	院长名称	是	最长 20 位
	slogan	口号	否	最长 20 位
	请求参数格式：JSON 格式（数组或链表） 请求参数数量：4 个，3 个必须，1 个可选 每个参数类型：字符串 参数长度：最长 20 位			
用例设计方法	成员个数	等价类：范围内选 4 个参数、选 3 个必选。范围外取 1 个必选、2 个必选、可选填或不填进行组合 特殊值：参数为空、参数格式不为 JSON 格式		
	成员内容	等价类：范围内参数为任意字符，如数字、英文、中文、特殊字符等 边界值法：参数字符串个数为 1、19、20、21（必选、可选） 重复值：参数有 1、2、3、4 个重复		

从表 2.3.3 新增学院信息接口模块设计分析可以得到：该模块请求参数为 JSON 格式，参数数量 4 个，其中 3 个必选，1 个可选。测试用例分析设计从请求参数成员个数、成员内容两方面考虑。

成员个数测试用例设计可以从等价类和特殊值来分析设计，如表 2.3.4 所示。

表 2.3.4　成员个数用例设计表

等价类	范围内	①4 个参数（用例数量 1 个） ｛"dep_id"："1001"， "dep_name"："信息学院 1"， "master_name"："老张 1"， "slogan"："不睡觉"｝ ②3 个参数（用例数量 1 个） ｛"dep_id"："1002"， "dep_name"："信息学院 2"， "master_name"："老张 2"， "slogan"，" "｝
	范围外	③1 个必选参数+可选参数（用例数量 3 个） "dep_id"、"dep_name"、"master_name"3 个参数选其一，加可选参数 ④2 个必选参数+可选参数（用例数量 3 个） "dep_id"、"dep_name"、"master_name"3 个参数选两个，加可选参数

续表

特殊值	参数为空	⑤3 个必选参数依次为空,其他正常(用例数量 3)
	参数格式 不是 JSON 格式	⑥参数格式不是 JSON 格式(用例数量 1) (dep_id=1006,dep_name=信息学院 6, master_name=老张 6,slogan=不睡觉)

从表 2.3.4 中可以得到测试用例数量 12 个,填入学院信息系统测试用例表中。

成员内容测试用例设计可以从等价类、边界值和重复值来分析设计,如表 2.3.5 所示。

表 2.3.5　成员内容测试用例设计表

等价类	范围内	①dep_id 依次为数字、英文、中文、特殊字符,其他正常(用例数量 4 个) ②dep_name 依次为数字、英文、中文、特殊字符,其他正常(用例数量 4 个) ③master_name 依次为数字、英文、中文、特殊字符,其他正常(用例数量 4 个) ④slogan 依次为数字、英文、中文、特殊字符,其他正常(用例数量 4 个)
边界值法	参数长度 取边界值 20	⑤dep_id 长度取 20,其他正常(用例数量 1 个) ⑥dep_name 长度取 20,其他正常(用例数量 1 个) ⑦master_name 长度取 20,其他正常(用例数量 1 个) ⑧slogan 长度取 20,其他正常(用例数量 1 个)
	参数长度 取超边界值 21	⑨dep_id 长度取 21,其他正常(用例数量 1 个) ⑩dep_name 长度取 21,其他正常(用例数量 1 个) ⑪master_name 长度取 21,其他正常(用例数量 1 个) ⑫slogan 长度取 21,其他正常(用例数量 1 个)
重复值	参数 1、2、3、4 已经存在	⑬dep_id 重复,其他正常,不重复(用例数量 1 个) ⑭dep_name 重复,其他正常,不重复(用例数量 1 个) ⑮master_name 重复,其他正常,不重复(用例数量 1 个) ⑯slogan 重复,其他正常,不重复(用例数量 1 个)

从表 2.3.5 中可以得到测试用例数量为 28 个,填入学院信息系统测试用例表中。通过对成员个数和成员内容进行分析,新增学院信息测试用例数量 30 个。

2. 接口逻辑测试用例设计

测试接口需要进行逻辑处理,测试用例设计从约束条件、操作对象、状态转换、时序等几个方面分析设计,如表 2.3.6 所示。

表 2.3.6　接口逻辑测试用例设计方法

类型	测试用例设计方法
约束条件	约束条件的测试在功能测试中经常遇到,在接口测试中更为重要。它的意义在于:用户进行操作时,在该操作的前端可能已经进行了约束条件的限制,故用户无法直接触发请求该接口。常见的约束条件如下: ①数值限制:分数限制、金币限制、等级限制等 ②状态限制:登录状态等 ③关系限制:绑定的关系,好友关系等 ④权限限制:管理员等 ⑤时间约束:22:00 之前 ⑥数值约束:积分 200;限量 5 个
操作对象	操作通常是针对对象的,例如用户绑定电话号码,电话号码就是操作对象,而这个电话号码的话费、流量也是对象 对象分析主要是针对合法和不合法对象进行操作。例如下述例子: ①用户 A 查询电话 P1 话费 ②用户 A 查询电话 P1 流量 ③用户 A 查询电话 P2 话费 ④用户 A 查询电话 P2 流量
状态转换	被测逻辑可以抽象成状态机,各个状态之间根据功能逻辑从一个状态切换到另一个状态。如果我们打乱了这个次序,从一个状态切换到另一个不在它下一状态集中的状态,那么逻辑将会打乱,就会出现逻辑问题 例如在做任务的时候,任务有三种状态:未领取,已领取未提交,已完成三种状态 那么测试用例可以这样设计: ①正常的状态切换:未领取状态,领取任务后变为已领取状态;已领取满足任务条件提交后,变成已完成状态;完成后可以再次领取任务 ②非正常的状态切换:未领取任务满足任务条件直接提交任务;已领取时再次领取任务等

续表

<table>
<tr><th>类型</th><th>测试用例设计方法</th></tr>
<tr><td>时序</td><td>在一些复杂接口逻辑中，一个活动是由一系列动作按照指定顺序进行的，这些动作形成一个动作流，只有按照这个顺序依次执行，才能得到预期结果
在正常的流程里，这些动作是根据程序调用依次进行的，并不会打乱，在接口测试时，需要考虑如果不安装时序执行，是否会出现问题
例如，客户端数据同步是由客户端触发进行的，期间的同步用户无法干预。功能测试的时候可见的就是是否能正常进行同步，而进一步分析，同步流程实际涉及了一组动作：
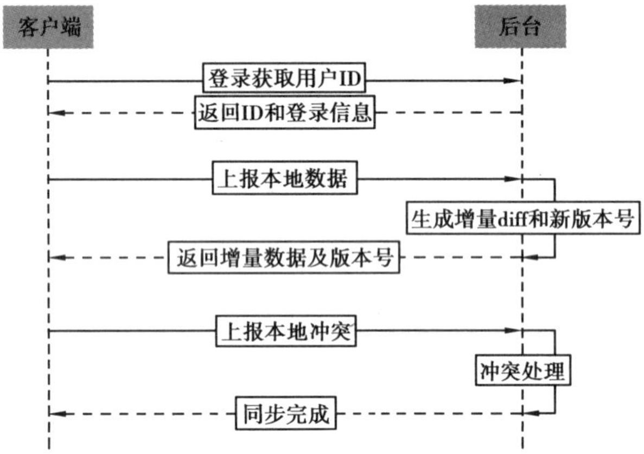

从时序图可以看出，后台有 3 个接口：登录获取用户 ID，上报本地数据，上报本地冲突。三个接口需要依次调用执行，才能完成同步。那么在接口测试就可以考虑打乱上述接口的执行顺序去执行，会有怎样的结果，是否会出现异常。例如：获取用户 ID 后不上报本地数据而直接上报本地冲突</td></tr>
</table>

3. 输出结果测试用例设计

接口处理正确的结果可能只有一个，但是错误异常返回结果通常有很多种情况。如果知道返回结果有很多种，就可以针对不同结果设计用例。

例如，提交积分任务的时候我们通常能想到的是返回正确和错误。错误可能想到无效任务，无效登录态，但是不一定能完全覆盖所有错误码，而接口返回定义的返回码同样可以设计更多用例。

4. 接口测试用例模板

接口测试用例包括用例 ID、接口名称、用例标题、请求 URL、请求方法、前置条件、请求参数、预期响应、测试响应、是否通过、测试人等内容，具体测试用例模板如图 2.3.3 所示。

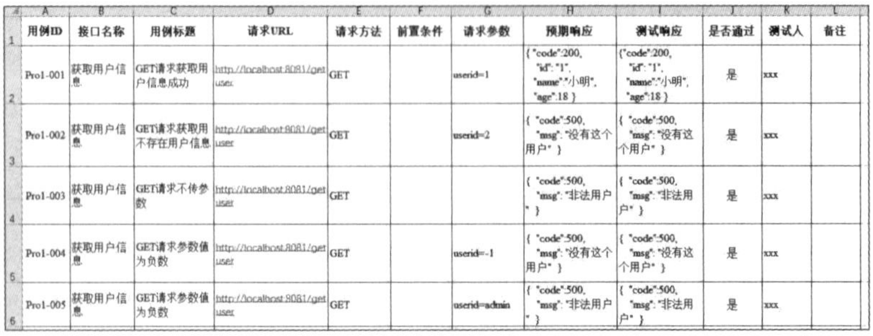

用例ID	接口名称	用例标题	请求URL	请求方法	前置条件	请求参数	预期响应	测试响应	是否通过	测试人	备注
Pro1-001	获取用户信息	GET请求获取用户信息成功	http://localhost:8081/getuser	GET		userid=1	{ "code":200, "id": "1", "name":"小明", "age":18 }	{"code":200, "id": "1", "name":"小明", "age":18 }	是	xxx	
Pro1-002	获取用户信息	GET请求获取用不存在用户信息	http://localhost:8081/getuser	GET		userid=2	{ "code":500, "msg": "没有这个用户" }	{ "code":500, "msg": "没有这个用户" }	是	xxx	
Pro1-003	获取用户信息	GET请求不传参数	http://localhost:8081/getuser	GET			{ "code":500, "msg": "非法用户" }	{ "code":500, "msg": "非法用户" }	是	xxx	
Pro1-004	获取用户信息	GET请求参数值为负数	http://localhost:8081/getuser	GET		userid=-1	{ "code":500, "msg": "没有这个用户" }	{ "code":500, "msg": "没有这个用户" }	是	xxx	
Pro1-005	获取用户信息	GET请求参数值为负数	http://localhost:8081/getuser	GET		userid=admin	{ "code":500, "msg": "非法用户" }	{ "code":500, "msg": "非法用户" }	是	xxx	

图 2.3.3　接口测试用例模板

二、计划与决策

1. 计划

根据任务描述和资讯内容,对工作任务进行分解,按照任务执行的顺序填写任务实施计划表(表 2.3.7)。

表 2.3.7　任务实施计划表

项目二	JMeter 测试学院信息系统		
典型工作环节三	设计测试用例		
计划制订方式			
序号	工作步骤	实施人	注意事项
1			
2			
3			
4			
5			
6			
7			
8			
9			

2. 决策

(1)新增学院信息测试用例设计方法

根据项目 API 文档和测试计划中第三部分新增学院信息测试功能点及重点,分析确定测试用例设计方法,并将结果填写到表 2.3.8 中。

表 2.3.8　新增学院信息用例设计方法表

类别	设计分析	
请求参数		
用例设计方法		

（2）修改学院信息用例设计

根据项目 API 文档和测试计划中第三部分修改学院信息测试功能点及重点,分析确定测试用例设计方法,并将结果填写到表 2.3.9 中。

表 2.3.9　修改学院信息用例设计方法表

类别	设计分析	
请求参数		
用例设计方法		

（3）删除学院信息测试用例设计

根据项目 API 文档和测试计划中第三部分删除学院信息测试功能点及重点,分析确定测试用例设计方法,并将结果填写到表 2.3.10 中。

表 2.3.10 删除学院信息用例设计方法表

类别	设计分析	
请求参数		
用例设计方法		

（4）查询所有测试用例设计

根据项目 API 文档和测试计划中第三部分查询所有测试功能点及重点，分析确定测试用例设计方法，并将结果填写到表 2.3.11 中。

表 2.3.11 查询所有用例设计方法表

类别	设计分析	
请求参数		
用例设计方法		

（5）指定查询测试用例设计

根据项目 API 文档和测试计划中第三部分指定查询测试功能点及重点决定测试用例设计方法，并将结果填写到表 2.3.12 中。

表 2.3.12　指定查询用例设计方法表

类别	设计分析	
请求参数		
用例设计方法		

（6）根据 id 列表查询测试用例设计

根据项目 API 文档和测试计划中第三部分根据 id 列表查询测试功能点及重点，分析确定测试用例设计方法，并将结果填写到表 2.3.13 中。

表 2.3.13　根据 id 列表查询用例设计方法表

类别	设计分析	
请求参数		
用例设计方法		

（7）根据院长列表查询测试用例设计

根据项目 API 文档和测试计划中第三部分根据院长列表查询测试功能点及重点，分析确定测试用例设计方法，并将结果填写到表 2.3.14 中。

表 2.3.14　根据院长列表查询用例设计方法表

类别	设计分析	
请求参数		
用例设计方法		

（8）模糊查询测试用例设计

根据项目 API 文档和测试计划中第三部分模糊查询测试功能点及重点，分析确定测试用例设计方法，并将结果填写到表 2.3.15 中。

表 2.3.15　模糊查询用例设计方法表

类别	设计分析	
请求参数		
用例设计方法		

（9）多条件查询测试用例设计

根据项目 API 文档和测试计划中第三部分多条件查询测试功能点及重点，分析确定测试用例设计方法，并将结果填写到表 2.3.16 中。

表 2.3.16　多条件查询用例设计方法表

类别	设计分析	
请求参数		
用例设计方法		

三、工作任务实施

1. 新增学院信息测试用例设计

根据新增学院信息测试用例设计方法表,设计新增学院信息测试用例并将结果填写到表 2.3.17 和项目的测试用例表。

表 2.3.17　新增学院信息用例设计

类别	设计方法	内容
成员个数		
成员内容		

2. 修改学院信息用例设计

根据修改学院信息测试用例设计方法表,设计修改学院信息测试用例并将结果填写到表 2.3.18 和项目的测试用例表。

表 2.3.18　修改学院信息用例设计

类别	设计方法	内容
成员个数		
成员内容		

3. 删除学院信息测试用例设计

根据修改学院信息测试用例设计方法表,设计删除学院信息测试用例并将结果填写到表 2.3.19 和项目的测试用例表中。

表 2.3.19　删除学院信息用例设计

类别	设计方法	内容
参数		

4. 查询所有测试用例设计

根据查询所有测试用例设计方法表,设计查询所有测试用例并将结果填写到表 2.3.20 和项目的测试用例表。

表 2.3.20 查询所有用例设计

类别	设计方法	内容
查询参数		

5. 指定查询测试用例设计

根据指定查询测试用例设计方法表,设计指定查询测试用例并将结果填写到表 2.3.21 和项目的测试用例表。

表 2.3.21 指定查询用例设计

类别	设计方法	内容
查询参数		

6. 根据 id 列表查询测试用例设计

根据 id 列表查询测试用例设计方法表,设计根据 id 列表查询测试用例并将结果填写到表 2.3.22 和项目的测试用例表。

表 2.3.22　**根据 id 列表查询用例设计**

类别	设计方法	内容
查询参数		

7. 根据院长列表查询测试用例设计

根据院长列表查询测试用例设计方法表,设计根据院长列表查询测试用例并将结果填写到表 2.3.23 和项目的测试用例表。

表 2.3.23　**根据院长列表查询用例设计**

类别	设计方法	内容
查询参数		

8. 模糊查询测试用例设计

根据模糊查询测试用例设计方法表,设计模糊查询测试用例并将结果填写到表 2.3.24 和项目的测试用例表。

表 2.3.24　模糊查询用例设计

类别	设计方法	内容
查询参数 1		
查询参数 2		

9. 多条件查询测试用例设计

根据多条件查询测试用例设计方法表,设计多条件查询测试用例并将结果填写到表 2.3.25 和项目的测试用例表。

表 2.3.25　多条件查询用例设计

类别	设计方法	内容
查询参数 1		
查询参数 2		

四、检查与评价

表 2.3.26 学习行动检查与评价表

项目二	JMeter 测试学院信息系统			
典型工作环节三	设计测试用例			
序号	具体任务	分值标准	学生自评	组内互评
1	设计新增学院信息测试用例	10		
2	设计修改学院信息测试用例	10		
3	设计删除学院信息测试用例	5		
4	设计查询所有测试用例	5		
5	设计指定查询测试用例	10		
6	设计根据 id 列表查询测试用例	10		
7	设计根据院长列表查询测试用例	10		
8	设计多条件查询测试用例	10		
9	设计模糊查询测试用例	10		
10	设计过程保持安静	5		
11	设计分析认真、严格按照流程进行	5		
12	测试用例表填写正确、完整	5		
13	测试用例表填写规范	5		
最终得分		100		
学生反思				
教师点评				

五、巩固练习

①常用的测试用例设计方法有哪些？它们适用哪种类型测试用例设计？

②项目模块中哪些模块测试用例是用等价类方法设计的？

典型工作环节四　执行测试用例

工作任务单(表2.4.1)

表2.4.1　工作任务单

项目二	JMeter 测试学院信息系统		
典型工作环节四	执行测试用例	学时	10 学时
任务描述	(1)JMeter 测试软件基本使用方法 (2)设置检查点,执行添加学院信息测试用例 (3)设置检查点,执行修改学院信息测试用例 (4)设置检查点,执行删除学院信息测试用例 (5)设置检查点,执行查询所有测试用例 (6)设置检查点,执行根据条件查询测试用例 (7)对所有测试用例请求信息、断言设置和响应信息截图,填写测试结果表 (8)填写项目接口测试用例表		
学习目标	(1)熟练使用 JMeter 测试软件 (2)根据测试用例,执行响应断言测试用例 (3)根据测试用例,执行 JSON 断言测试用例 (4)根据测试用例,执行大小断言测试用例 (5)掌握使用函数助手、CSC 数据配置元件实现 JMeter 参数化方法 (6)填写规范项目接口测试用例表		
提交成果	(1)任务实施计划表 (2)测试用例检查点决策表 (3)项目测试用例表 (4)项目测试用例测试结果表		

一、资讯

1. JMeter 接口测试操作流程

①启动 JMeter。在 Apache JMeter5.4.1 目录中 bin 文件夹中双击 jmetr.bat,启动 JMeter 软件,如图2.4.1 所示。

②测试计划中添加线程组,在右边工作台修改线程组名称、设置属性等,如图2.4.2 所示。

③线程组中添加取样器→http 请求,监听器→查看结构树。在 http 请求页面添加请求的 URL、请求方法和请求参数,如图2.4.3 所示。

图 2.4.1 JMeter 启动

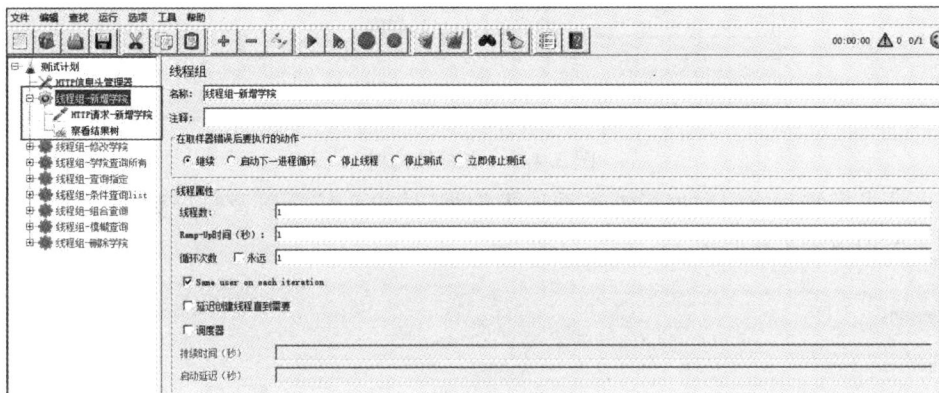

图 2.4.2 线程组设置

图 2.4.3 HTTP 请求页面

注意:如果 POST 请求参数是 Key-value 表格输入,则需要勾选对 POST 使用 multipart/form-data。

④运行菜单中点击启动或主工具栏上绿色三角 ▶,发送请求。

⑤通过察看结果树可以看到响应的信息,如图 2.4.4 所示。

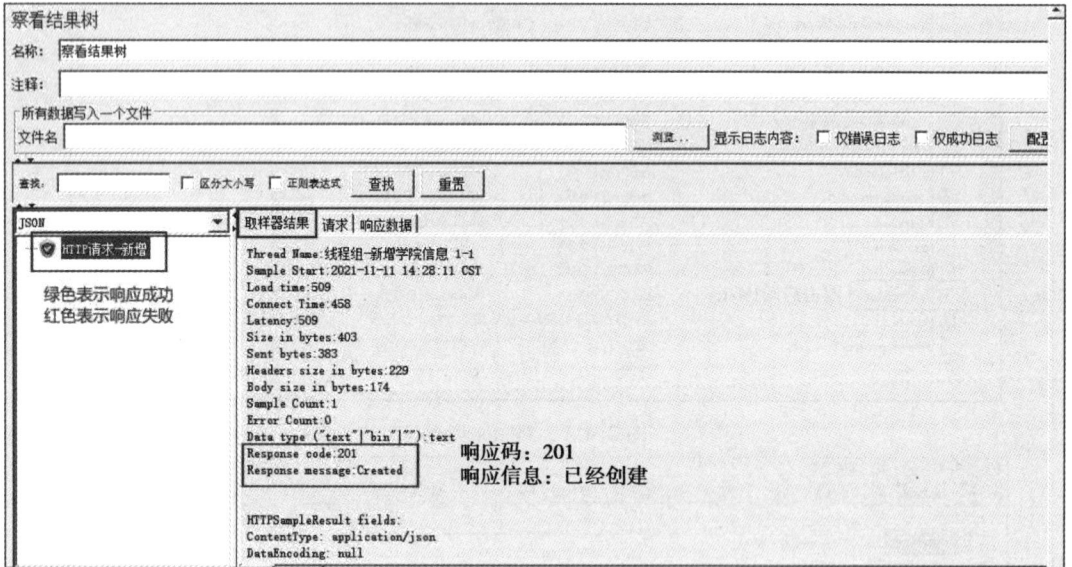

图 2.4.4　查看结构树

点击请求标签和响应数据标签查看请求数据、请求头信息以及响应数据、响应头信息,如图 2.4.5 和图 2.4.6 所示。

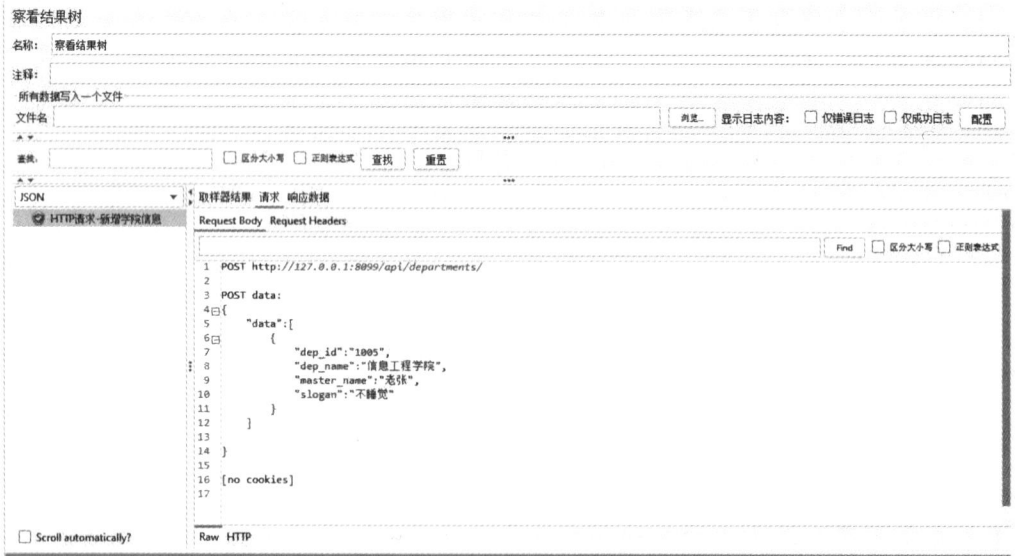

图 2.4.5　请求数据

2. JMeter 断言

断言就是让软件(JMeter)自动判断测试用例执行结果是否符合预期结果。JMeter 可以设置响应断言、JSON 断言、XPath 断言、html 断言等。

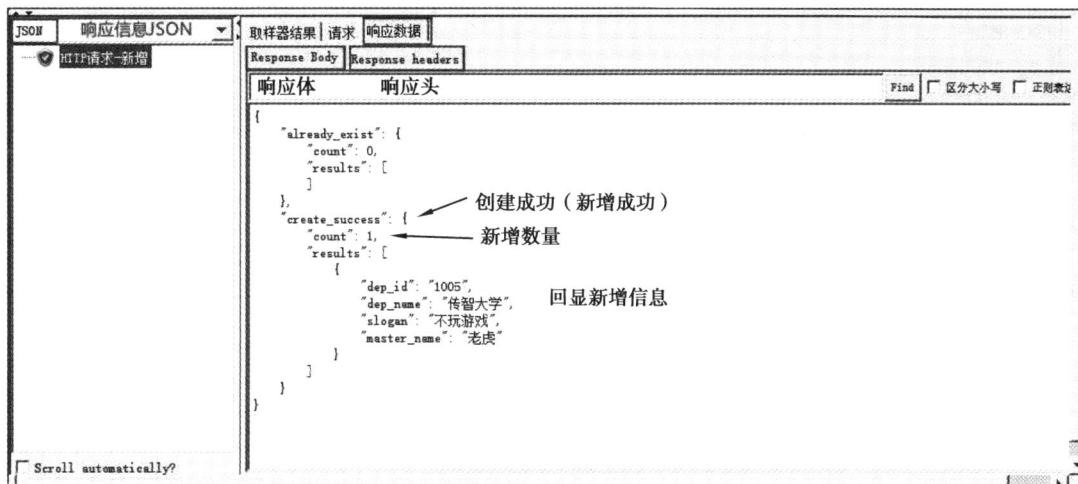

图 2.4.6　响应数据

（1）响应断言

右击 HTTP 请求→添加→断言→响应断言，如图 2.4.7 所示。

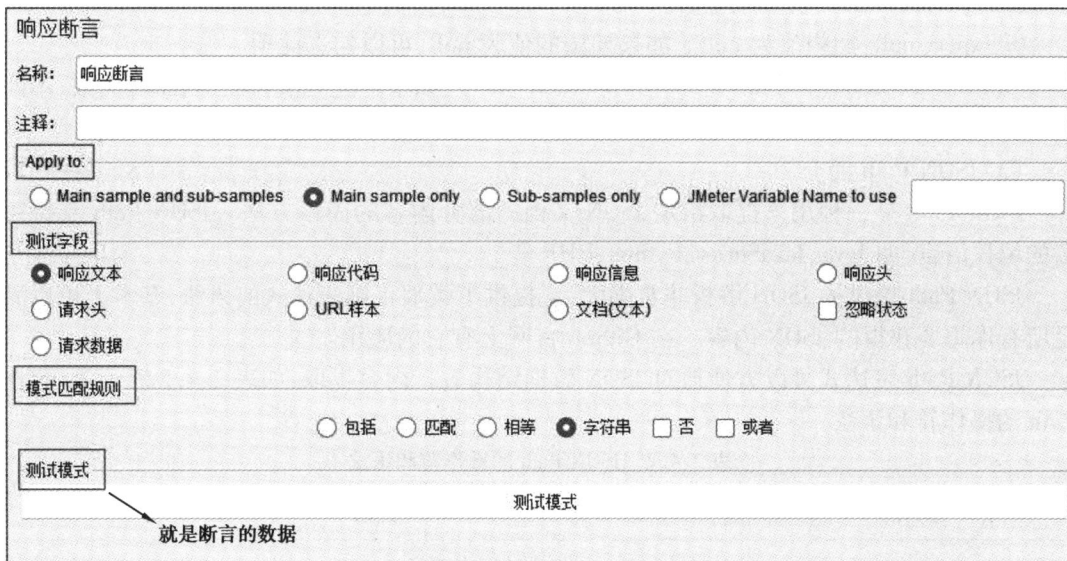

图 2.4.7　响应断言的设置

①Apply to：主采样器和子采样、仅主采样、仅子采样、JMeter 变量名。

②测试字段：包括响应文本、响应代码、响应信息等。

③模式匹配：包含匹配（数据库用 like）、相等、字符串、否、或者等。

④测试模式：需要断言数据。

⑤自定义失败消息：自己定义断言失败的提示消息。

（2）JSON 断言

右击 HTTP 请求→添加→断言→响应断言，如图 2.4.8 所示。

①Assert JSON Path exists：断言 JSON Path 是否存在。这里填写 JSON Path 表达式。

②Additionally assert value：添加断言值。只有勾选了此复选框，才可以在 Expected Value 中设置期望的值。

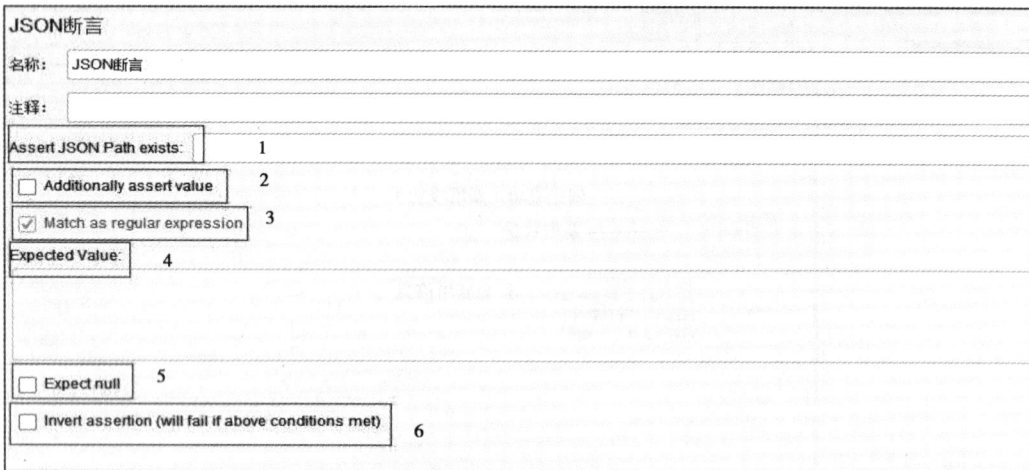

图2.4.8　JSON断言设置

③Match as regular expression：匹配正则表达式。在期望的值中填写正则表达式，如果不勾选此项，在 Expected Value 中设置的正则表达式，是不进行匹配。

④Expected Value：设置期望值。

⑤Expect null：期望值为 null。如果期望的值为 null，可以勾选此项。

⑥Invert assertion（will fail if above conditions met）：如果匹配的值存在，则断言失败；不匹配，则断言成功。

（3）JSON Path 简介

JSON Path 是一种用来提取给定 JSON 文档的部分内容的简单方法。JSON Path 支持很多的编程语言，如 Java、JavaScript、Python、PHP 等。

JSON Path 提供的 JSON 解析非常强大，它提供了类似正则表达式的语法，基本上可以满足所有你想要获得的 JSON 内容。在 Github 官网上有它的应用。

JSON Path 表达式可以方便地对 JSON 数据结构进行内容提取，如表2.4.2 所示为 JSON Path 的操作符和语法。

表2.4.2　JSON Path 的操作符和语法

操作	说明
$	查询根元素。这将启动所有路径表达式
@	当前节点由过滤谓词处理
*	通配符，必要时可用任何地方的名称或数字
..	深层扫描，必要时在任何地方可以使用名称
. <name>	点，表示子节点
['<name>'(,'<name>')]	括号表示子项
[<number>(,<number>)]	数组索引或索引
[start:end]	数组切片操作
[?（<expression>）]	过滤表达式，表达式必须求值为一个布尔值

JSON Path 中的"根成员对象"始终称为 $,无论是对象还是数组。JSON Path 表达式可以使用点表示法(例如：$. store. book ［0］. title)或括号表示法(例如：$［' store '］［' book '］［0］［' title '］)。

(4)大小断言

右击 HTTP 请求→添加→断言→响应断言,如图 2.4.9 所示。

图 2.4.9　大小断言设置

通常 JMeter 设置断言,可以查看断言执行情况,断言正常不显示的,只有断言失败才显示,同时显示断言失败的原因,如图 2.4. 10 所示。也可以专门设置错误的断言信息进行验证。

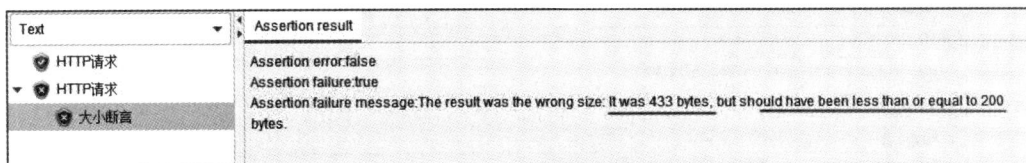

图 2.4.10　断言失败

3. JMeter 参数化

在自动化测试中经常用到参数化,参数化是将脚本中的某些输入数据使用参数来代替,在脚本运行时指定参数的取值范围和规则。这种方式通常被称为数据驱动测试,参数的取值范围被称为数据池。

JMeter 中支持 4 种参数化方式：

➤函数助手：CSVRead 函数

➤CSV Data Set Config：CSV 数据配置元件

➤User Defined Variables：用户定义的变量

➤User Variables：用户参数

下面具体介绍前面两种常用的参数化方法。

（1）函数助手

准备数据文件，数据文件扩展名.csv（可以新建 Excel 文件另存为 CSV 文件）。

在 JMeter 的 HTTP 请求页面主工具栏点击函数助手对话框或工具菜单中函数助手对话框，如图 2.4.11 所示。

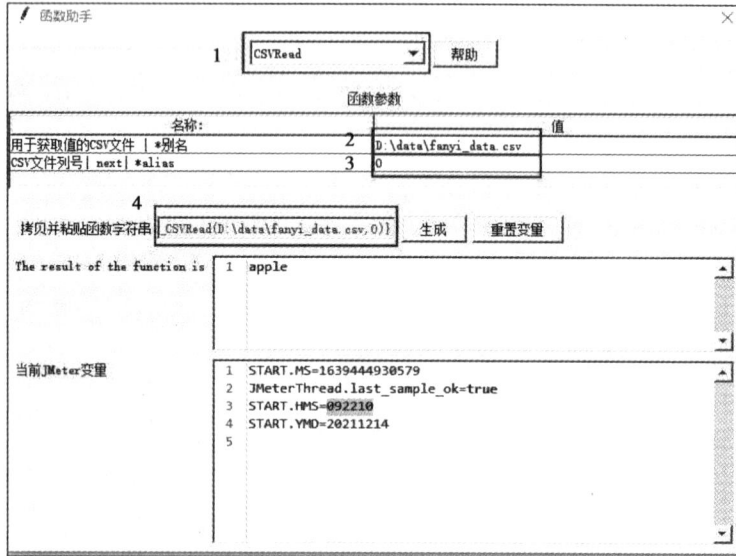

图 2.4.11　函数助手对话框

①选择 CSVRead 函数。

②CSV 文件路径，这里填写数据文件的路径。

③文件起始列号，CSV 文件列号第一列为 0，依此类推。

④生成参数化后的参数，可以在请求参数中直接引用，如图 2.4.12 所示。

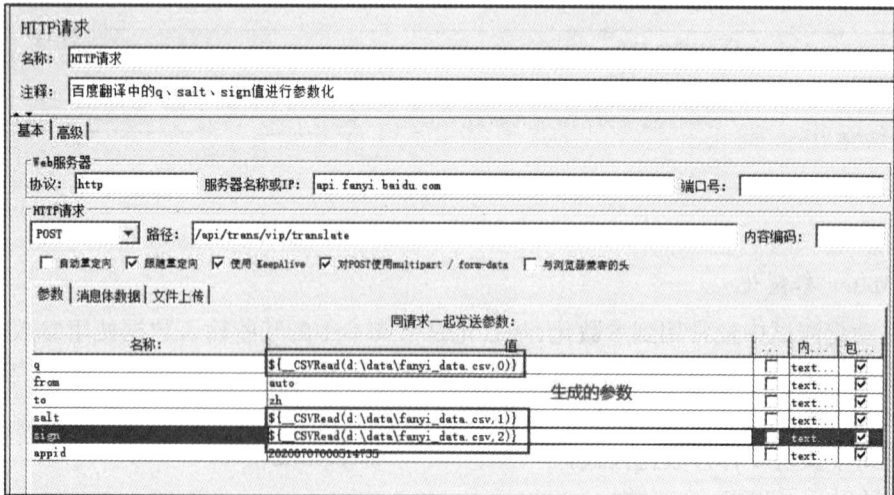

图 2.4.12　请求参数引用

替换参数值后，修改线程数，线程数和参数化的参数数量一致，执行脚本，通过监听器中查看结果树可以看到响应的信息。

（2）CSV 数据配置元件

线程组添加配置元件→CSV Data Set Config,如图 2.4.13 所示。

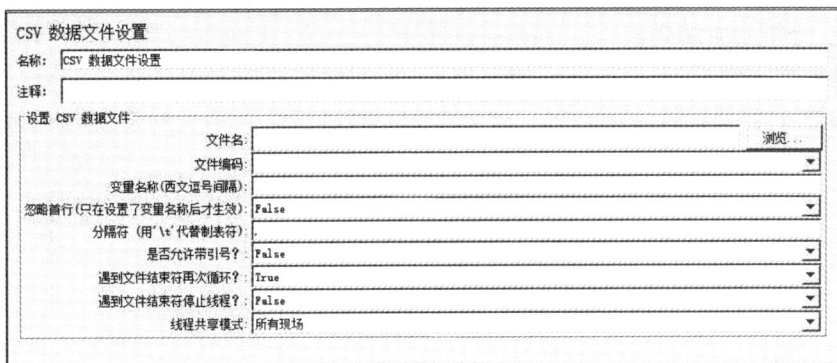

图 2.4.13 CSV 数据文件设置

①文件名:需要添加数据文件的路径。

②文件编码:如果是中文,需要选择 UTF-8。

③变量名:需要参数化的变量名称,如果多个变量。用英文逗号间隔。

④忽略首行:如果在 CSV 数据文件中第一行为变量名称,这里选择 True,否则选择 False。

⑤分隔符:一般都是逗号。

⑥是否允许带引号:默认选择 False,如果选择 True,全角字符处理出现乱码。

⑦遇到文件结束符是否再次循环:单个参数可以选择 False,多个参数选择 True。

⑧遇到文件结束符是否停止线程:如果上一项选择 False,则这里选择 True 会停止线程,如果上一项选择 True,这里没有意义。

⑨线程共享模式:默认是所有现场都有效。

设置项完成后,在 HTTP 请求中填写参数,如图 2.4.14 所示。变量名需要加 $||。修改线程数,执行脚本,通过监听器中察看结果树可以看到响应的信息。

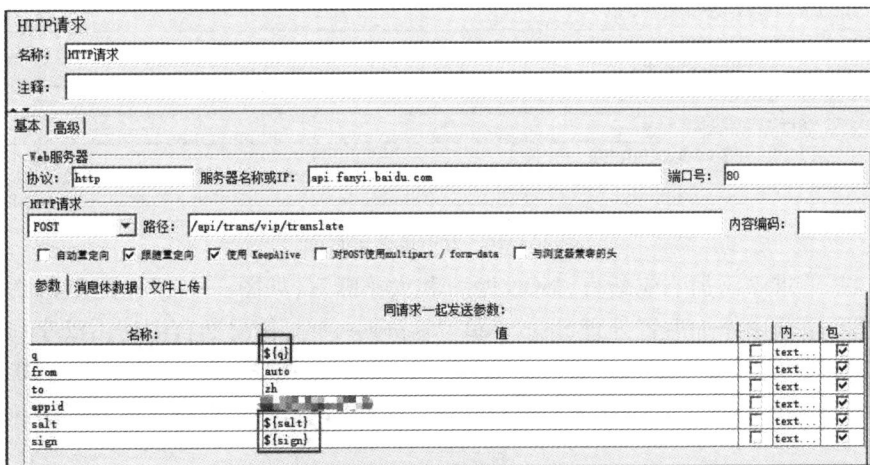

图 2.4.14 请求参数填写

4. JMeter 参数化和断言案例

以百度翻译为例,发送 HTTP 请求,添加响应断言、JSON 断言,并对请求参数 q,salt,sign 进行参数化,分析响应结果。

①准备数据文件 fanyi_data.csv,如图 2.4.15 所示,文件路径 D:\data\fanyi_data.csv,文件第一列参数 q(需要翻译单词),第二列为参数 salt(随机数),第三列参数 sign(MD5 加密签名)。

	A	B	C
1	apple	20200707	fb80dbe091afdb5b102fda40c65430ee
2	hello	20200708	49f828ca5bb42c626d810e7a806054c7
3	key	20200709	1947a7a2e7d5ebe202c8b930b198f546
4			
5			
6			
7			
8			

图 2.4.15　数据文件

有关百度翻译请求参数、使用方法以及签名 MD5 加密请参考百度通用翻译 API 接入文档。

②JMeter 软件测试计划中添加线程组,在线程组下添加 HTTP 请求,在 HTTP 请求中添加配置元件→CSV Data Set Config,利用 CSV 配置元件方法添加参数 q,salt 和 sign 的值,如图 2.4.16 所示。

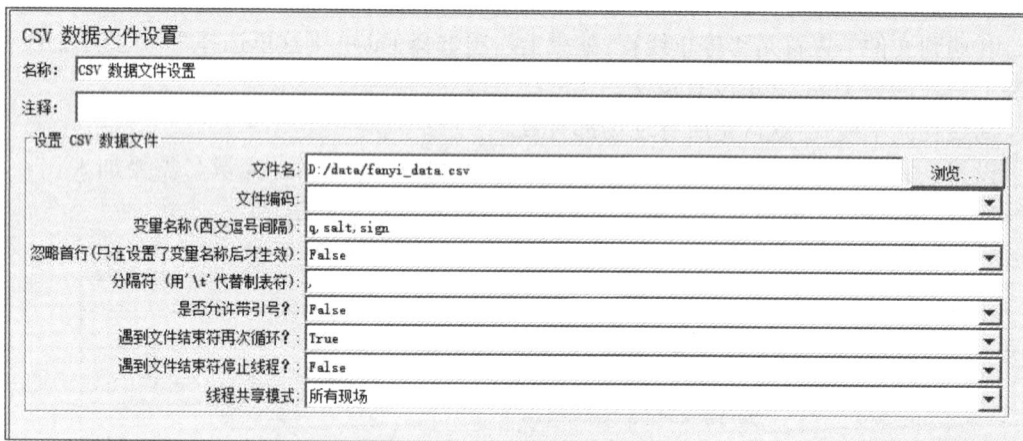

图 2.4.16　HTTP 请求页面

③HTTP 请求中添加响应断言、JSON 断言和大小断言,如图 2.4.17—图 2.4.19 所示。

④HTTP 请求中添加后置处理 BeanShell Postprocessor。如果断言中使用汉字(响应断言中测试模式中使用汉字),在处理断言前添加一个 shell 后置处理脚本,如图 2.4.20 所示。

⑤线程组添加监听器→察看结果树和断言结果,并设置线程组属性,如图 2.4.21 所示。

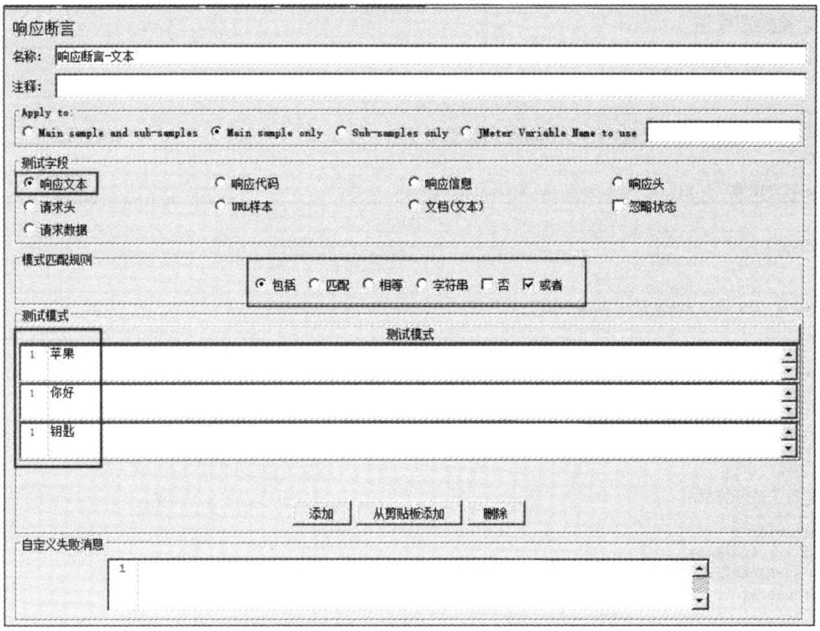

图 2.4.17　响应断言设置

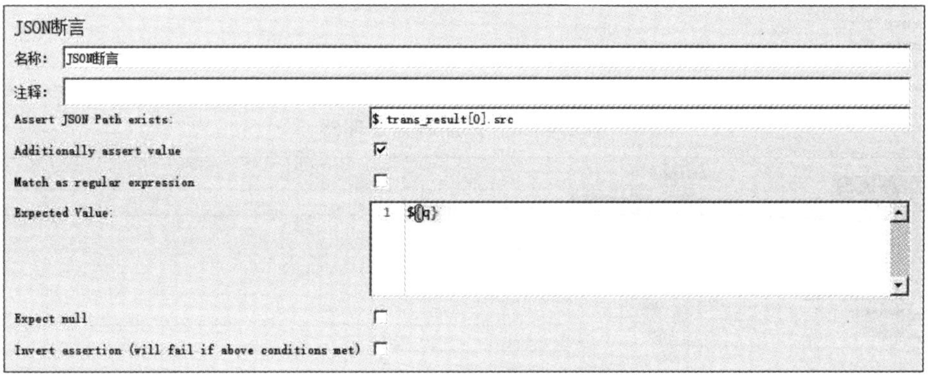

图 2.4.18　JSON 断言设置

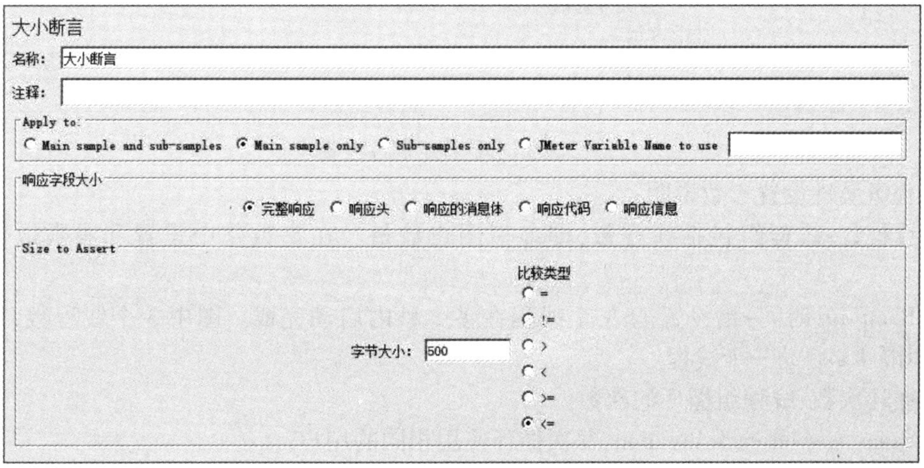

图 2.4.19　大小断言设置

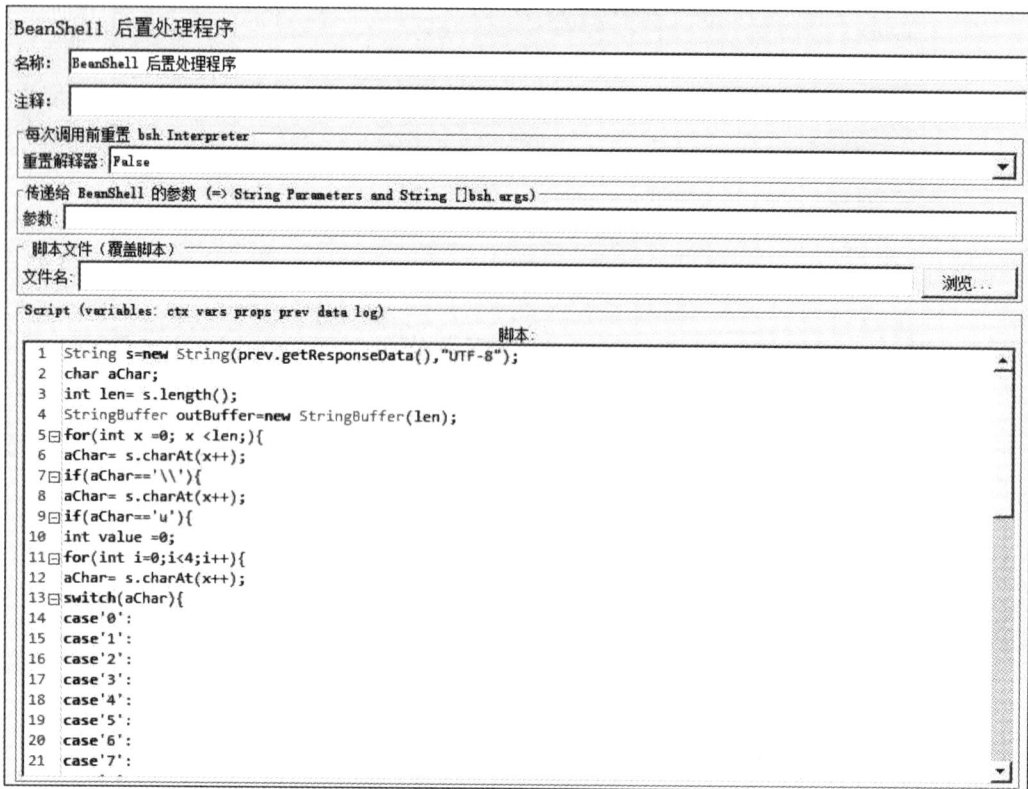

图 2.4.20 添加后置处理器

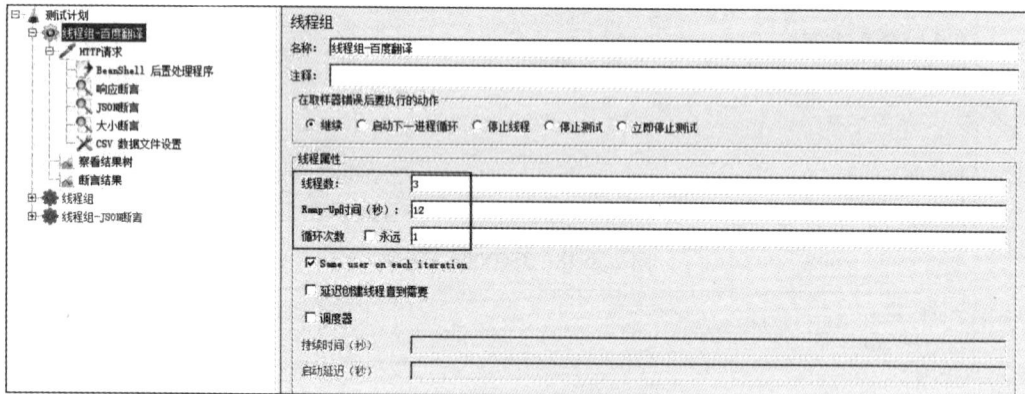

图 2.4.21 线程组属性设置

线程组属性设置参数说明：

a. 线程数：线程组包括线程数，即虚拟用户数量。在参数化中设置和参数取值数量相同。

b. Ramp-up 时间：指设置的 N 个线程在多少秒内启动完成。图中 3 个线程数，12 s 完成，即每隔 4 s 启动一个线程。

c. 循环次数：线程组循环的次数。

d. Same user on each iteration：每次循环使用相同的用户。

e. 延迟创建线程直到需要：此选项和 Ramp-up 时间设置配合使用，如果勾选此项，则所有线程会在需要时启动，即会在 Ramp-up 时间(s)到时间后启动所有线程。

f.调度器:此选项是打开调度器配置。

g.持续时间:本线程组测试的持续时间,时间到则停止本次测试,注意这个时间设置不要设置得比 Ramp-up 时间少,如果勾选了循环次数中的永远,那么测试会在此持续时间到达后结束。

h.启动延时:此项设置为在启动测试后多久时间开始创建线程组,通常用于定时。

⑥启动运行测试,通过察看结果树、断言结果查看响应信息和断言结果,如图2.4.22、图2.4.23 所示。

(a)取样器结果

(b)响应数据

图 2.4.22　响应信息

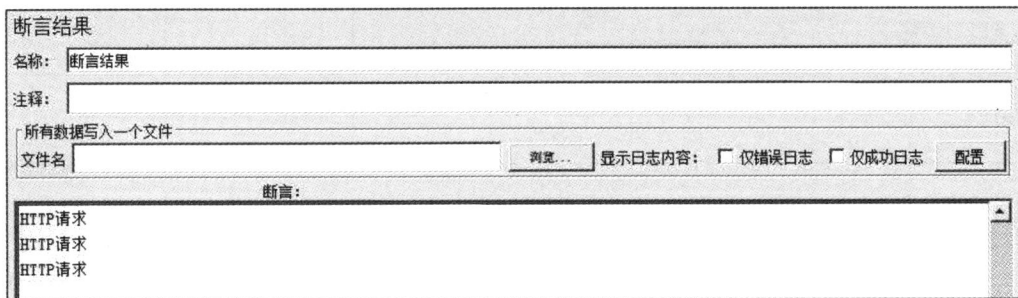

图 2.4.23　断言结果

从响应信息可以看到采样开始时间、响应时间、响应的大小、响应码、响应信息、响应数据(翻译的结果)。从断言的结果可以看到,3 次请求的响应断言、JSON 断言和大小断言都通过,如果断言失败断言会显示失败的原因。

二、计划与决策

1.计划

根据任务描述和资讯内容,对工作任务进行分解,按照任务执行的顺序填写任务实施计划表(表2.4.3)。

表 2.4.3　任务实施计划表

项目二	JMeter 测试学院信息系统		
典型工作环节四	执行测试用例		
计划制订方式			
序号	工作步骤	实施人	注意事项
1			
2			
3			
4			
5			
6			
7			
8			
9			

2. 决策

分析项目接口测试 API 文档和接口模块测试用例,为测试用例设置检查点,填写测试用例检查点设置表(表 2.4.4)。

表 2.4.4　测试用例检查点设置表

测试用例 id	接口模块名称	用例标题	检查点 1	检查点 2
Pro2-001	新增学院信息	新增学院信息成功	响应信息与预期是否一致	响应码是否为 201

续表

测试用例 id	接口模块名称	用例标题	检查点 1	检查点 2

三、工作任务实施

1. 实施任务步骤

①在 JMeter 软件测试计划添加线程组,命名新增学院信息,修改线程组名属性。

②在线程组中添加第 1 条测试用例 HTTP 请求,在 HTTP 请求中添加请求参数、断言和察看结果树。

③运行线程组,查看响应信息和断言结果。

④根据响应信息、断言结果判断请求和断言设置是否正确。

⑤对请求区、断言和响应区进行截图填入第 1 条测试用例结果表,同时填写项目测试用例相关项。

⑥在线程组依次添加新增学院信息所有测试用例,重复②~⑤。

⑦在测试计划中依次添加接口其他模块,重复②~⑥。执行所有测试用例。

2. 填写测试结果表

每条测试用例的请求区、设置的断言和响应区截图添加到测试结果表中,同时填写测试用例表(表 2.4.5—表 2.4.14)中的相关项。(如果测试用例多,最少 35 条,请自行添加表格)

表 2.4.5　测试用例:Pro2-001

内容	截图
HTTP 请求区	
设置断言	
响应区	
是否通过	

表 2.4.6　测试用例:Pro2-002

内容	截图
HTTP 请求区	
设置断言	
响应区	
是否通过	

表 2.4.7　**测试用例**：Pro2-003

内容	截图
HTTP 请求区	
设置断言	
响应区	
是否通过	

表 2.4.8　**测试用例**：Pro2-004

内容	截图
HTTP 请求区	
设置断言	
响应区	
是否通过	

表 2.4.9　测试用例:Pro2-005

内容	截图
HTTP 请求区	
设置断言	
响应区	
是否通过	

表 2.4.10　测试用例:Pro2-006

内容	截图
HTTP 请求区	
设置断言	
响应区	
是否通过	

表 2.4.11　测试用例：Pro2-007

内容	截图
HTTP 请求区	
设置断言	
响应区	
是否通过	

表 2.4.12　测试用例：Pro2-008

内容	截图
HTTP 请求区	
设置断言	
响应区	
是否通过	

表 2.4.13　测试用例:Pro2-009

内容	截图
HTTP 请求区	
设置断言	
响应区	
是否通过	

表 2.4.14　测试用例:Pro2-010

内容	截图
HTTP 请求区	
设置断言	
响应区	
是否通过	

四、检查与评价

表 2.4.15　学习行动检查与评价表

项目二	JMeter 测试学院信息系统			
典型工作环节四	执行测试用例			
序号	具体任务	分值标准	学生自评	组内互评
1	测试计划添加线程组,修改名称和属性	5		
2	新增学院信息线程组添加 HTTP 请求、设置断言、执行用例、察看结果	10		
3	修改学院信息线程组添加 HTTP 请求、设置断言、执行用例、察看结果	10		
4	删除学院信息线程组添加 HTTP 请求、设置断言、执行用例、察看结果	5		
5	查询所有线程组添加 HTTP 请求、设置断言、执行用例、察看结果	5		
6	指定查询线程组添加 HTTP 请求、设置断言、执行用例、察看结果	5		
7	根据 id 列表查询线程组添加 HTTP 请求、设置断言、执行用例、察看结果	10		
8	根据院长列表线程组添加 HTTP 请求、设置断言、执行用例、察看结果	10		
9	多条件查询线程组添加 HTTP 请求、设置断言、执行用例、察看结果	10		
10	模糊查询线程组添加 HTTP 请求、设置断言、执行用例、察看结果	10		
11	操作过程保持安静	5		
12	操作认真、严格按照流程进行	5		
13	软件截图清晰准确	10		
最终得分		100		
学生反思				
教师点评				

五、巩固练习

①JMeter 参数化的两种方法是什么？简述每种方法操作的步骤。

②简述 JSON Path 的功能、操作符和语法。

典型工作环节五　编写测试报告

工作任务单(表 2.5.1)

表 2.5.1　工作任务单

项目二	JMeter 测试学院信息系统		
典型工作环节五	编写测试报告	学时	4 学时
任务描述	(1)确定测试报告主要内容 (2)实现 JMeter 和 Ant 集成配置 (3)执行 Ant 命令生成项目模块单元测试报告 (4)分析项目模块单元测试报告 (5)统计项目测试用例执行结果和 Bug 数量 (6)编写项目测试总结报告		
学习目标	(1)了解软件测试总结包含主要内容 (2)学会 JMeter 和 Ant 集成配置方法 (3)掌握 Ant 命令生成模块单元测试报告 (4)分析项目模块单元测试报告 (5)编写项目测试总结报告		
提交成果	(1)任务实施计划决策表 (2)项目集合测试报告 (3)项目测试总结报告		

一、资讯

JMeter 和 Ant 集成,生成测试报告:

①将 Jmeter 所在目录下 extras 子目录里的 ant-JMeter-1.1.1.jar 复制到 ant 的 lib 目录下。

②修改 jmeter 目录下的 jmeter.properties,将 jmeter.save.saveservice.output_format=csv 改成 jmeter.save.saveservice.output_format=xml,记得去掉前面的"#",如图 2.5.1 所示。

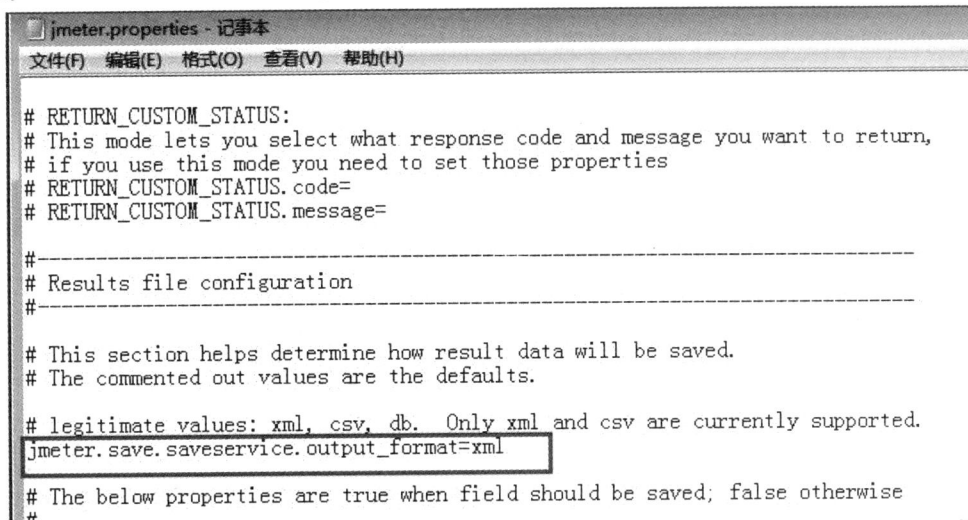

```
# RETURN_CUSTOM_STATUS:
# This mode lets you select what response code and message you want to return,
# if you use this mode you need to set those properties
# RETURN_CUSTOM_STATUS.code=
# RETURN_CUSTOM_STATUS.message=

#---------------------------------------------------------------------------
# Results file configuration
#---------------------------------------------------------------------------

# This section helps determine how result data will be saved.
# The commented out values are the defaults.

# legitimate values: xml, csv, db.  Only xml and csv are currently supported.
jmeter.save.saveservice.output_format=xml

# The below properties are true when field should be saved; false otherwise
#
```

图 2.5.1　jmeter.properties 文件修改

③在工作目录中新建 jmeter_script、result 两个目录和一个文件 build.xml,在 result 目录中再新建两个目录 jtl 和 html。

④JMeter 保存的脚本文件复制到 jmeter_script 目录中。

⑤在 build.xml 所在的目录中打开命令行窗口,输入 ant run 后回车,执行测试。

⑥查看测试报告。在报告输出存放路径下查看是否有 jtl 和 html 结果报告,如图 2.5.2、图 2.5.3 所示。打开 html 报告,测试结果展现执行测试用例名称、成功率、用例执行时间等参数,如图 2.5.4 所示。

这台电脑 > 新加卷 (F:) > apache-jmeter-3.1 > bin > test > jmeter_report > html			
名称	修改日期	类型	大小
collapse.png	2019/6/12 9:00	PNG 文件	1 KB
expand.png	2019/6/12 9:00	PNG 文件	1 KB
TestReport06-12-04-46.html	2019/6/12 16:46	HTML 文件	5 KB
TestReport06-12-09-00.html	2019/6/12 9:00	HTML 文件	5 KB
TestReport06-12-09-13.html	2019/6/12 9:13	HTML 文件	5 KB
TestReport06-12-09-21.html	2019/6/12 9:21	HTML 文件	5 KB

图 2.5.2　html 报告

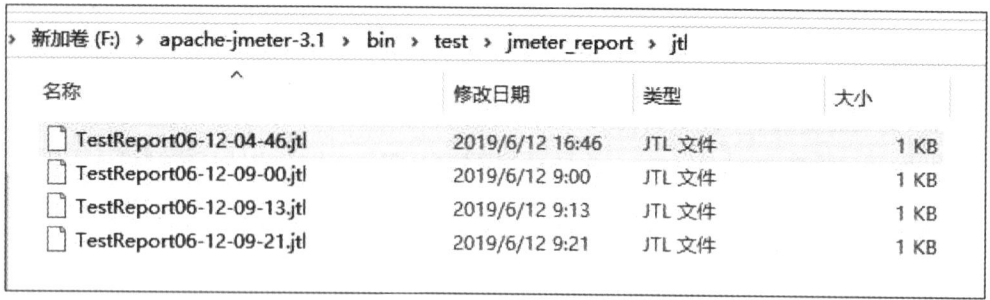

图 2.5.3　jtl 报告

图 2.5.4　html 测试用例报告

二、计划与决策

根据任务描述和资讯内容,通过搜索、查询测试总结报告包含的部分和每部分编写主要内容,填写任务实施计划决策表(表 2.5.2),表中测试总结报告标题按照任务实施顺序填写。

表 2.5.2　任务实施计划决策表

项目二	JMeter 测试学院信息系统		
典型工作环节五	编写测试报告		
计划决策方式			
序号	工作步骤	主要内容	编写人
1			
2			
3			
4			
5			

续表

序号	工作步骤	主要内容	编写人
6			
7			
8			

三、工作任务实施

1. 项目单元测试报告

JMeter 和 Ant 集成配置,通过 Ant 命令生成项目单元测试报告。

2. 编写项目测试总结报告

(1)测试概述(表2.5.3)

表 2.5.3　编写目的和项目背景

类别	内容
编写目的	
项目背景	

(2)测试参考文档

接口测试 API 文档、测试计划、测试用例、测试 Bug 缺陷报告清单。

（3）项目组成员（表2.5.4）

表 2.5.4　项目成员和分工表

角色	人员	主要职责
测试负责人		
测试员		
测试员		

（4）测试设计介绍

①测试用例设计方法（表2.5.5）。

表 2.5.5　测试用例设计方法表

序号	接口名称	测试用例设计方法
1	新增学院信息	
2	修改学院信息	
3	删除学院信息	
4	查询所有	
5	指定查询	
6	根据 id 列表查询	
7	根据院长列表查询	
8	多条件查询	
9	模糊查询	

②测试环境与配置(表2.5.6)。

表2.5.6 测试环境和配置表

类别	资源名称	资源说明
硬件环境	工作机	
	服务器	
软件环境	工作机操作系统	
	服务器操作系统	
测试工具	Apache JMeter	
	Apache ant	
	截图工具	

③测试方法(表2.5.7)。

表2.5.7 测试方法表

序号	测试名称	测试内容
1	黑盒测试	
2	白盒测试	
3	灰盒测试	
4	自动化测试	

(5)测试进度(表2.5.8)

表2.5.8 测试进度表

测试阶段	实际时间安排	参与人员	实际测试工作安排
分析API文档			
编写测试计划			
设计测试用例			

续表

测试阶段	实际时间安排	参与人员	实际测试工作安排
执行测试用例			
回归测试			
测试总结报告			

（6）用例汇总（表2.5.9）

表2.5.9　用例汇总表

序号	接口名称	测试用例总数	用例编写人	执行人
0	登录	10	01_张三	01_张三
1	新增学院信息			
2	修改学院信息			
3	删除学院信息			
4	查询所有			
5	指定查询			
6	根据 id 列表查询			
7	根据院长列表查询			
8	多条件查询			
9	模糊查询			
用例合计/个			—	—

（7）Bug 汇总（表2.5.10）

表2.5.10　Bug 汇总表

序号	接口名称	按 Bug 严重程度个数					
		P1	P2	P3	P4	P5	合计
1	新增学院信息						
2	修改学院信息						
3	删除学院信息						
4	查询所有						
5	指定查询						
6	根据 id 列表查询						

续表

序号	接口名称	按 Bug 严重程度个数					
		P1	P2	P3	P4	P5	合计
7	根据院长列表查询						
8	多条件查询						
9	模糊查询						
合计/个							

（8）测试结论

根据前面的测试用例汇总、Bug 汇总和测试过程遇到的问题,填写测试结论表（表 2.5.11）。

表 2.5.11　测试结论表

类别	内容
测试总结	
测试质量评价	
遇到问题	
测试收获	

填表说明:

①测试总结包括项目测试类型（功能测试、性能测试等）,测试的模块数量,设计编写多少测试用例,测试用例通过率。

②测试质量评价包括测试系统的 Bug 数量,影响系统正常运行的 Bug（P1、P2、P3）数量,影响用户体验的 Bug（P4、P5）数量,系统整体存在的问题,是需要进行回归测试,系统是否可以发布或上线等。

四、检查与评价

表 2.5.12　学习行动检查与评价表

项目二		JMeter 测试学院信息系统		
典型工作环节五		编写测试报告		
序号	具体任务	分值标准	学生自评	组内互评
1	JMeter 和 Ant 集成配置	10		
2	生成测试报告	10		
3	编写测试目标和项目背景	5		
4	填写测试用例方法	5		
5	填写测试环境和配置	5		
6	编写测试方法	10		
7	填写测试进度表	10		
8	统计并填写测试用例汇总表	10		
9	统计并填写 Bug 汇总表	10		
10	编写测试结论	5		
11	编写过程保持安静	5		
12	测试报告符合要求并完整	5		
13	编写的报告符合行业规范	10		
最终得分		100		
学生反思				
教师点评				

五、巩固练习

①测试报告包括哪些内容?

②什么是回归测试?

项目三　Python 自动化测试用户管理系统

项目描述

用户管理系统功能主要对用户信息(id、名称、年龄和余额)进行查询、修改和上传文件等。通过分析用户管理系统的接口 API 文档,利用 Python 的 Requests 库的函数编程实现项目六个接口模块的自动化测试。掌握软件接口测试中测试环境安装与配置、测试计划书编写、测试用例设计和编写、测试用例执行、编写测试报告等典型工作环节的工作流程。

项目三参考资料

项目在实施过程中,每个典型工作环节课时安排如下:

序号	典型工作环节	课时
1	配置测试环境	2
2	编写测试计划	2
3	设计测试用例	4
4	执行测试用例	8
5	编写测试报告	2
总学时		18

典型工作环节一　配置测试环境

工作任务单(表 3.1.1)

表 3.1.1　工作任务单

项目三	Python 自动化测试用户管理系统		
典型工作环节一	配置测试环境	学时	2 学时
任务描述	(1)学习自动化测试基础知识 (2)了解 Requests 库基础知识 (3)安装软件 Python (4)安装 PyCharm 软件、Requests 库和 HTMLTestRunner.py 报告生成软件 (5)配置用户管理系统		

续表

学习目标	(1)了解自动化测试基本概念、分类和优缺点 (2)掌握 Python 自动化测试和 Requests 库基本知识 (3)安装 Python 软件,并配置系统环境变量 (4)安装 PyCharm 软件,并设置软件环境 (5)利用 PyCharm 安装 Requests 包和 HTMLTestRunner. py 软件 (6)配置用户管理系统
提交成果	(1)任务实施计划表 (2)任务实施决策表 (3)工作过程记录表 (4)项目部署和配置表

一、资讯

1. 自动化测试基础知识

自动化测试的概念有广义和狭义之分。广义上讲,所有借助工具(程序)来辅助进行软件测试的方式都可以称为自动化测试;狭义上讲,主要是指使用工具记录或编写代码的方式模拟手工测试的过程,通过回放或运行代码执行测试用例,让机器代替人工对系统进行自动验证测试。

图 3.1.1 硬件接口

2. 分层自动化测试

根据经典的测试金字塔,自动化测试分三个不同级别进行测试,如图 3.1.1 所示。

(1)单元自动化测试(数据处理层)

指对软件中最小的可测试单元(功能模块)进行检查和验证,通常采用白盒测试,一般需要借助单元测试框架,如 Java 的 Junit、TestNG,Python 的 Unittest。

(2)接口自动化测试(业务逻辑层)

主要检查验证模块间的调用返回以及不同系统、服务间的数据交换,通常采用黑盒测试和白盒测试相结合的方式,常见的接口测试工具有 Postman、JMeter、Loadrunner 等。

(3)UI 自动化测试(GUI 界面层)

UI 测试以用户体验为主,是用户使用产品的入口,所有功能通过这一层提供给用户,常见的测试工具有 UFT、Robot Framework、Selenium、Appium 等。

3. 自动化测试适用范围

一般来说,只需要满足以下几点就可以对项目开展自动化测试:

(1)需求稳定,不会频繁变更

自动化测试最大的挑战就是需求的变化,导致自动化脚本需要修改、扩展、重新调试去适应新的功能,如果需求变化太大、太多,那么自动化测试需要修改的脚本更多,也就失去了其价值和意义。在测试时一般选择相对稳定的模块和功能进行自动化测试,对变动较大、需求变更频繁的部分采用手工测试。

（2）多平台运行，组合遍历型、大量的重复任务

测试数据、测试用例、自动化脚本的重用性和移植性较强，适用遍历型、重复性任务，自动化测试可以降低成本，提高效率和价值。

（3）软件维护周期长，有生命力

自动化测试的需求稳定性要求、自动化框架的设计、脚本开发与调试均需要时间，这也是一个软件开发过程，如果项目周期较短，是无法支持这一过程的，那自动化测试就很难实现。

（4）被测系统开发较为规范，可测试性强

被测试系统的架构差异、测试技术和工具的适应性、测试人员的能力能否设计开发出适应差异的自动化测试框架。

4. 自动化测试的优点

①回归测试更方便可靠，可运行更多、更烦琐的测试，且快速高效。

②可执行一些手工测试执行相当困难或者做不到的测试，如大量的用户并发。

③可以更好地利用资源，具有一致性和可重复性的特点，自动化测试脚本完全可复用。

④提升了软件的可信度。

⑤可以多环境下测试等。

5. 自动化测试的缺点

①不可能完全替代手工测试。自动化测试无法做到手工测试的覆盖率，不是每个测试用例都适合实行自动化。

②手工测试发现的 Bug 远比自动化测试多。自动化测试几乎是无法发现新 Bug 的，最大的用途是用来做回归测试，确保曾经的 Bug 没有在新的版本上重新出现。

③自动化测试工具比较死板，灵活性比较差。自动化测试效果的好坏，完全取决于测试工程师。

④成本投入大，风险高。对测试人员的技术要求高，对测试工具的要求同样也高。

⑤测试用例需要根据版本迭代进行更新，有一定的维护成本。

⑥自动化测试的产出价值往往在于长期的回归测试，短期内发挥的作用可能不明显。

6. Python 用于自动化测试的特点

Python 是当今世界最流行的计算机语言之一。Python 简单、易学以及强大的社区和生态，使它成为最适合进行自动化测试的编程语言。

Python 程序结构简洁、易读，可方便迭代及文档化管理。

Python 既面向对象又面向过程。它可使程序员根据具体情况而决定使用函数，或者是使用类。编写自动化测试脚本非常简单和方便，相较于其他编程语言初学者更易入门。

Python 拥有成熟的自动化框架。Selenium、Pytest、Unittest 框架是目前最受欢迎的测试框架，能帮助测试人员加快测试进度，提高测试效率。

Python 具有丰富的类库支持。无论是 HTTP 网络请求和文件流处理，还是 Socket 编程及多线程，Python 都有强大的工具库可以开箱即用，并且这些类库容易安装，效率非常高。

7. Requests 库介绍

Requests 是一个很实用的 Python HTTP 客户端库，编写爬虫和测试服务器响应数据时经常会用到，Requests 是 Python 语言的第三方的库，专门用于发送 HTTP 请求，是现阶段比较

流行的接口自动化测试工具之一。

二、计划与决策

1. 计划

根据任务描述和资讯内容,对工作任务进行分解,按照任务执行的顺序填写任务实施计划表(表3.1.2)。

表3.1.2　任务实施计划表

项目三	Python 自动化测试用户管理系统		
典型工作环节一	配置测试环境		
计划制订方式			
序号	工作步骤	实施人	注意事项
1			
2			
3			
4			
5			
6			
7			
8			
9			

2. 决策

根据任务实施计划和软件安装参考资料,下载 Python、PyCharm、Requests 库和 HTMLTestRunner. py 测试报告生成库的 Windows 安装包,填写任务实施决策表(表3.1.3)。

表 3.1.3　任务实施决策表

序号	软件名称	下载网址(建议从官网下载)	软件版本	备注
1				
2				
3				
4				

三、工作任务实施

1. 安装软件

参考软件安装教程,按顺序安装相应软件,安装成功截图填入软件安装过程表(表3.1.4)。

表 3.1.4　软件安装过程表

软件名称	截图
Python	
PyCharm	
Requests 库	

2. 部署和配置被测系统

项目用户管理系统是基于 Python 环境,Tornado 框架,项目可以部署到 Windows、Linux、Mac OS 等系统环境上。以下以 Windows 系统为例,填写项目部署和配置过程表(表3.1.5)。

表 3.1.5　项目部署和配置表

内容	实施步骤	截图	备注
Tornado 框架安装			
被测系统验证			

四、检查与评价

表 3.1.6 学习行动检查与评价表

项目三		Python 自动化测试用户管理系统		
典型工作环节一		配置测试环境		
序号	具体任务	分值标准	学生自评	组内互评
1	下载准备软件 Python、PyCharm、HTMLTestRunner. py	10		
2	安装 Python	5		
3	安装 Pycharm	5		
4	在 PyCharm 中安装. Requests 库	15		
5	将 HTMLTestRunner. py 复制到工作目录	15		
6	Python 环境下安装 Tornado 框架	5		
7	验证被测系统	5		
8	操作过程保持安静	10		
9	操作认真、严格按照流程进行	10		
10	软件截图清晰准确	20		
最终得分		100		
学生反思				
教师点评				

五、巩固练习

接口自动化测试框架包括哪些?

典型工作环节二　编写测试计划

工作任务单（表 3.2.1）

表 3.2.1　工作任务单

项目三	Python 自动化测试用户管理系统		
典型工作环节二	编写测试计划	学时	2 学时
任务描述	（1）确定测试计划主要内容 （2）分析用户管理系统接口 API 文档 （3）根据 API 文档，提取各模块测试功能点和重点 （4）制订整体测试方案 （5）分析测试风险 （6）确定测试验收标准 （7）编写测试计划书		
学习目标	（1）了解软件测试计划包含的主要内容 （2）分析接口模块 URL、请求参数、请求方法、前置条件和响应信息 （3）根据接口 API 文档，从接口模块的输入、业务逻辑、输出三个方面提取模块测试功能点和重点 （4）学会制订测试方案、分析测试风险和确定测试验收标准 （5）编写测试计划书		
提交成果	（1）任务实施计划决策表 （2）项目接口测试计划书		

一、资讯

测试计划是为了确认需求、确定测试环境及测试方法，为设计测试用例做准备，初步制订接口测试进度方案。接口测试计划包含概述、测试环境、测试功能及重点、测试策略、测试风险、测试标准等。

编写用户管理系统接口测试计划过程中需要项目——用户管理系统接口 API 文档如下所示。

（1）获取用户信息 1（表 3.2.2）

表 3.2.2　获取用户信息 1 接口信息表

项目	内容
描述	该接口用于通过 userid 获取用户信息
请求 URL	http://localhost:8081/getuser
请求方法	GET/POST

续表

项目	内容			
请求参数	参数名	必选	类型	说明
	userid	是	string	用户 ID

示例	请求：http://localhost:8081/getuser? userid=1
	返回：
	{
	    "age":18,
	    "code":200,
	    "id":"1",
	    "name":"小明"
	}			

返回参数说明	参数名	类型	说明	
	code	int	状态码 200 为成功，500 为异常	
	age	int	年龄	
	id	string	用户 id	
	name	int	用户姓名	
备注	更多返回错误代码请看首页的错误代码描述			

（2）获取用户信息 2（表 3.2.3）

表 3.2.3　获取用户信息 2 接口信息表

项目	内容			
描述	获取用户信息：需要添加 header，Content-Type application/json			
请求 URL	http://localhost:8081/getuser2			
请求方法	GET			
请求参数	参数名	必选	类型	说明
	userid	是	string	用户 ID

示例	请求：http://localhost:8081/getuser2? userid=1
	返回：
	{
	    "age":18,
	    "code":200,
	    "id":"1",
	    "name":"小明"
	}			

续表

项目	内容		
返回参数说明	**参数名**	**类型**	**说明**
	code	int	状态码200为成功，500为异常
	age	int	年龄
	id	string	用户id
	name	int	用户姓名
备注	更多返回错误代码请看首页的错误代码描述		

（3）获取用户余额（表3.2.4）

表3.2.4 获取用户余额接口信息表

项目	内容			
描述	获取用户余额:传入userid获取用户余额			
请求URL	http://localhost:8081/getmoney			
请求方法	POST			
请求参数	**参数名**	**必选**	**类型**	**说明**
	userid	是	string	用户ID

示例	请求:http://localhost:8081/getmoney? userid＝1
	返回:
	{
	    "code":200,
	    "id":"1",
	    "money":"1000"
	}			

返回参数说明	**参数名**	**类型**	**说明**	
	code	int	状态码200为成功，500为异常	
	userid	int	用户id	
	money	string	余额	
备注	请求参数为JSON格式			

(4)修改用户余额1(表3.2.5)

表 3.2.5　修改用户余额 1 接口信息表

项目	内容
描述	修改用户余额:需要有 http 权限验证,账号 admin 密码 123456
请求 URL	http://localhost:8081/setmoney
请求方法	POST
请求参数	<table><tr><th>参数名</th><th>必选</th><th>类型</th><th>说明</th></tr><tr><td>userid</td><td>是</td><td>string</td><td>用户 id</td></tr><tr><td>money</td><td>是</td><td>int</td><td>修改后用户余额</td></tr></table>

示例	请求:http://localhost:8081/setmoney? userid=1&money=5000
	返回:
	{
	　　'code':200,
	　　'success':'成功'
	}

返回参数说明	<table><tr><th>参数名</th><th>类型</th><th>说明</th></tr><tr><td>code</td><td>int</td><td>状态码 200 为成功,500 为异常</td></tr><tr><td>success</td><td>string</td><td>成功状态</td></tr></table>
备注	如果调用时传入的账号密码不对或者没传,返回权限验证失败

(5)修改用户余额2(表3.2.6)

表 3.2.6　修改用户余额 2 接口信息表

项目	内容
描述	需要添加 cookie,token=token12345
请求 URL	http://localhost:8081/setmoney2
请求方法	POST
请求参数	<table><tr><th>参数名</th><th>必选</th><th>类型</th><th>说明</th></tr><tr><td>userid</td><td>是</td><td>string</td><td>用户 id</td></tr><tr><td>money</td><td>是</td><td>int</td><td>修改后用户余额</td></tr></table>

续表

项目	内容

示例	请求：http://localhost:8081/ setmoney2？ userid＝1&money＝5000
	返回：
	{
	　　'code':200,
	　　'success':'成功'
	}

返回参数说明	<table><tr><th>参数名</th><th>类型</th><th>说明</th></tr><tr><td>code</td><td>int</td><td>状态码 200 为成功，500 为异常</td></tr><tr><td>success</td><td>string</td><td>成功状态</td></tr></table>
备注	更多返回错误代码请看首页的错误代码描述

（6）上传文件（表3.2.7）

表3.2.7　上传文件接口信息表

项目	内容
描述	上传文件：向服务器（127.0.0.1）指定目录传送文件
请求 URL	http://localhost:8081/uploadfile
请求方法	POST
请求参数	<table><tr><th>参数名</th><th>必选</th><th>类型</th><th>说明</th></tr><tr><td>file</td><td>是</td><td>string</td><td>要上传的文件名</td></tr></table>

返回示例	{
	　　'code':200,
	　　'success':'成功'
	}

返回参数说明	<table><tr><th>参数名</th><th>类型</th><th>说明</th></tr><tr><td>code</td><td>int</td><td>状态码 200 为成功，500 为异常</td></tr><tr><td>success</td><td>string</td><td>成功状态</td></tr></table>
备注	更多返回错误代码请看首页的错误代码描述

二、计划与决策

根据任务描述和资讯内容,通过搜索、查询测试计划包含的主要部分以及每部分编写主要内容,填写任务实施计划决策表(表3.2.8),其中工作步骤(填写测试计划标题)按照任务实施顺序填写。

表3.2.8 任务实施计划决策表

项目三		Python自动化测试用户管理系统	
典型工作环节二		编写测试计划	
计划决策方式			
序号	工作步骤	主要内容	编写人
1			
2			
3			
4			
5			
6			
7			
8			
9			

三、工作任务实施

编写项目的测试计划(按照计划决策表的工作步骤编写)。

1.概述

(1)测试目的和任务(表3.2.9)

表 3.2.9　测试目标和任务

项目	内容
测试目的	
测试任务	

（2）参考资料（表 3.2.10）

表 3.2.10　参考资料

文档（版本/日期）	作者	备注
《＿＿＿＿＿需求文档.docx》		
《＿＿接口 API 文档.docx》		

（3）测试应提交文档（表 3.2.11）

表 3.2.11　测试提交文档

提交时间	编写人员	文档名称
年　　月　　日		＿＿＿＿＿测试计划
年　　月　　日		＿＿＿＿＿测试用例
年　　月　　日		＿＿＿＿＿测试报告

2. 测试资源

（1）测试资源（表 3.2.12）

表 3.2.12　测试资源

类别	资源名称	资源说明
硬件环境	工作机	
	服务器	

续表

类别	资源名称	资源说明
软件环境	工作机操作系统	
	服务器操作系统	
测试工具	PyCharm、Python	
	Requests 库	
	截图工具	

（2）测试组成员（表3.2.13）

表3.2.13 测试成员和分工

角色	人员	主要职责
测试负责人		
测试员		
测试员		

（3）测试里程碑计划（表3.2.14）

表3.2.14 测试计划表

任务分解	工作量	开始时间	结束时间	负责人
集成/软件测试计划编写				
集成/软件测试计划评审				
集成/软件测试用例设计				
集成/软件测试用例评审				
集成/软件测试用例执行				
集成/软件测试报告				
集成/软件测试问题修复验证				

3. 测试功能以及重点

（1）测试对象

测试组只对用户管理系统的 6 个接口模块的功能做测试，通过分析《用户管理系统接口 API》文档，从每个接口模块的输入、业务逻辑、输出三个方面提取测试功能及重点，填写以下表格。

（2）测试功能及重点

①获取用户信息 1（表 3.2.15）。

表 3.2.15　获取用户信息 1

项目	内容
测试目标	
测试范围	
技术	
接口 Case 示例	
完成标准	
测试重点和优先级	

②获取用户信息 2（表 3.2.6）

表 3.2.16　获取用户信息 2

项目	内容
测试目标	
测试范围	
技术	
接口 Case 示例	
完成标准	
测试重点和优先级	

③获取用户余额1（表3.2.17）。

表3.2.17　获取用户余额1

项目	内容
测试目标	
测试范围	
技术	
接口 Case 示例	
完成标准	
测试重点和优先级	

④获取用户余额2（表3.2.18）。

表3.2.18　获取用户余额2

项目	内容
测试目标	
测试范围	
技术	
接口 Case 示例	
完成标准	
测试重点和优先级	

⑤获取用户余额3（表3.2.19）。

表3.2.19　获取用户余额3

项目	内容
测试目标	
测试范围	

续表

项目	内容
技术	
接口 Case 示例	
完成标准	
测试重点和优先级	

⑥上传文件(表3.2.20)。

表3.2.20　上传文件

项目	内容
测试目标	
测试范围	
技术	
接口 Case 示例	
完成标准	
测试重点和优先级	

4.软件测试策略

填写软件测试策略表(表3.2.21)。

表3.2.21　测试策略表

项目	内容	备注
整体测试方案		
测试类型		
性能测试方案		
回归测试方案		

5. 测试风险

本次测试过程中,可能出现的风险填写到表 3.2.22 中。

表 3.2.22 测试风险表

风险类型	内容	解决方案
需求风险		
测试用例风险		
缺陷风险		
测试技术风险		
时间风险		
其他风险		

6. 测试标准

(1) 测试指标

在项目 Bug 管理中,根据 Bug 的严重程度和优先级从高到低,分为五级 P1-P5,如表 3.2.23 所示。

表 3.2.23 Bug 分级表

问题严重程度	严重程度描述	优先级
P1	导致系统崩溃,数据丢失,响应码出现 404、500 等,访问速度过慢等,需求中的功能没有实现	立即修改,影响测试进度
P2	功能完全错误,错误非常明显,下载失败、参数格式错误、数据异常、接口回调数据异常、UI 明显有问题	急需修改,影响用户使用
P3	较高,功能部分错误、参数名称错误等,功能有缺陷	应需修改,影响用户体验
P4	一般错误,错误不明显,小问题,客户要求改善需求体验等问题	建议修改,加强用户体验
P5	增加用户体验的建议问题	建议修改,加强用户体验

(2) 测试通过标准

根据上表中 Bug 严重程度和优先级的分级标准,在表 3.2.24 中填写项目测试验收标准。

表 3.2.24　测试验收标准表

问题严重程度	验收的标准
P1	
P2	
P3	
P4	
P5	

四、检查与评价

表 3.2.25　学习行动检查与评价表

项目三	Python 自动化测试用户管理系统			
典型工作环节二	编写测试计划			
序号	具体内容	分值标准	学生自评	组内互评
1	编写测试计划概述	5		
2	编写测试计划资源	5		
3	编写获取用户信息测试功能和重点	8		
4	编写获取用户信息 2 测试功能和重点	8		
5	编写获取用户余额测试功能和重点	8		
6	编写修改用户余额测试功能和重点	8		
7	编写修改用户余额 2 测试功能和重点	8		
8	编写上传文件测试功能和重点	7		
9	编写自动化测试功能和重点	8		
10	编写测试策略	5		
11	编写测试风险	5		
12	编写测试标准	5		
13	编写过程保持安静	10		
14	编写认真、严格按照流程进行	10		
最终得分		100		
学生反思				
教师点评				

五、巩固练习

①什么是测试用例风险？
②什么是测试技术风险？
③什么是缺陷风险？

典型工作环节三 设计测试用例

工作任务单(表 3.3.1)

表 3.3.1 工作任务单

项目三	Python 自动化测试用户管理系统		
典型工作环节三	设计测试用例	学时	4 学时
任务描述	(1)学习接口测试用例设计方法 (2)分析项目各模块接口测试功能和重点 (3)填写各模块测试用例方法表 (4)填写各模块测试用例设计表 (5)填写项目接口测试用例表		
学习目标	(1)学习从输入参数、接口处理逻辑、输出结果设计测试用例方法 (2)设计获取用户信息测试用例 (3)设计添加 Headers 获取用户信息 2 测试用例 (4)设计获取用户余额测试用例 (5)设计通过权限验证修改用户余额测试用例 (6)设计添加 Cookies 修改用户余额 2 测试用例 (7)设计上传文件测试用例 (8)填写项目接口测试用例表		
提交成果	(1)任务实施计划表 (2)项目接口模块测试用例设计方法表 (3)项目接口模块测试用例设计表 (4)项目接口测试用例表		

一、资讯

一个典型的接口模块通常由输入、接口处理逻辑、输出三部分构成,如图 3.3.1 所示。

输入就是常见的接口输入参数;当接口输入参数后,接口会执行相关处理逻辑;接口处理后有的有参数输出,有的没有。

图3.3.1 接口构成

接口测试用例设计,主要从输入、接口处理、输出三个方面考虑:

➢输入:可以按照参数类型进行用例设计

➢接口处理:可以按照逻辑进行用例设计

➢输出:可以根据结果进行分析设计

1.输入参数测试用例设计

常见的接口输入的参数有数值型、字符串型、数组或链表、结构体,如图3.3.2所示。结构体是一些元素的结合,元素也是数值型、字符串型和数组或链表。

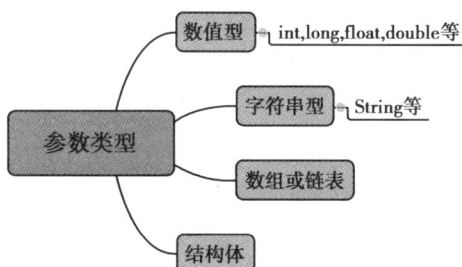

图3.3.2 参数类型

(1)测试用例设计方法

下面详细说明数值型、字符串型、数组或链表三种参数类型用例设计方法,见表3.3.2。

表3.3.2 输入参数用例设计方法

参数类型和用例设计方法	说明
	数值型参数用例设计方法。如果参数规定了取值的范围,需要考虑等价类取值范围内、取值范围外;取值的边界,最大值、最小值;一些特殊的值如0(空)、负数、小数等是否满足要求;如有需要,可能会遍历取值范围内的各个值
	字符串型的参数,主要考虑字符串的长度和内容:长度可以用等价类、边界值、特殊值方法;内容主要考虑特定字符、特殊字符和敏感字符等

续表

参数类型和用例设计方法	说明
	数组和链表用例设计考虑成员个数和内容:成员个数可以用等价类、边界值、特殊值等方法;成员内容可以用等价类、重复法等方法

（2）测试用例设计示例

示例1:用户管理系统API文档接口模块—获取用户信息（POST方法）分析,如表3.3.3所示。

表3.3.3 获取用户信息用例设计

类别		设计分析			
请求参数		参数名	必选	类型	说明
		userid	是	string	用户ID
用例设计方法	字符串长度	等价类:范围内取1位,范围外取2位或2位以上。 例如:userid=1,userid=10 边界值:不涉及 特殊值:空字符串或0			
	字符串内容	特定类型:英文取值admin,中文取值测试 特殊字符:特殊字符取值字符">""?""−1"等 敏感字符:不涉及			

从表3.3.3获取用户信息（POST）接口模块设计分析可以得到:该模块请求参数名userid（类型字符串,必选）。测试用例分析设计从请求参数字符串长度、字符串内容两方面考虑。

字符串长度测试用例设计可以从等价类和特殊值来分析设计,如表3.3.4所示。

表3.3.4 字符串长度测试用例设计表

等价类	范围内	①参数选1位(用例数量1个) 　userid=1
	范围外	②参数选2位或以上(用例数量2个) 　userid=10(2位)、userid=10000(5位)
特殊值	参数为空	③参数userid为空(用例数量1)

从表3.3.4中可以得到测试用例数量4个,填入用户管理系统测试用例表中。

字符串内容测试用例设计可以从特定字符和特殊字符来分析设计,如表3.3.5所示。

表 3.3.5　字符串内容测试用例设计表

特定字符	英文、中文	①参数值为英文(用例数量 1 个) userid = admin ②参数值为中文(用例数量 1 个) userid = 测试
特殊字符	参数取特殊字符	③参数值为">"(用例数量 1 个) userid = > ④参数值为"?"(用例数量 1) userid = ? ⑤参数值为"-1"(用例数量 1) userid = -1

　　从表 3.3.5 中可以得到测试用例数量 5 个,填入用户管理系统测试用例表中。通过字符串长度和字符串内容设计获取用户信息测试用例数量 9 个。

2.接口逻辑测试用例设计

(1)测试用例设计方法

　　测试接口需要进行逻辑处理,测试用例设计从约束条件、操作对象、状态转换、时序等几个方面分析设计,如表 3.3.6 所示。

表 3.3.6　接口逻辑测试用例设计方法

类型	测试用例设计方法
约束条件	约束条件的测试在功能测试中经常遇到,在接口测试中更为重要。它的意义在于:用户进行操作时,在该操作的前端可以已经进行了约束条件的限制,故用户无法直接触发请求该接口。常见的约束条件如下: (1)数值限制:分数限制、金币限制、等级限制等 (2)状态限制:登录状态等 (3)关系限制:绑定的关系,好友关系等 (4)权限限制:管理员等 (5)时间约束:22:00 之前 (6)数值约束:积分 200;限量 5 个
操作对象	操作通常是针对对象的,例如用户绑定电话号码,电话号码就是操作对象,而这个电话号码的话费、流量也是对象 对象分析主要是针对合法和不合法对象进行操作。例如下述用例子: ①用户 A 查询电话 P1 话费 ②用户 A 查询电话 P1 流量 ③用户 A 查询电话 P2 话费 ④用户 A 查询电话 P2 流量

续表

类型	测试用例设计方法
状态转换	被测逻辑可以抽象成状态机,各个状态之间根据功能逻辑从一个状态切换到另一个状态。如果打乱了这个次序,从一个状态切换到另一个不在它下一状态集中的状态,那么逻辑将会被打乱,从而出现逻辑问题 例如在做任务时,任务有三种状态:未领取、已领取未提交、已完成 那么测试用例可以这样设计: ①正常的状态切换:未领取状态,领取任务后变为已领取状态;已领取满足任务条件提交后,变成已完成状态;完成后可以再次领取任务 ②非正常的状态切换:未领取任务满足任务条件直接提交任务;已领取时再次领取任务等
时序	在一些复杂接口逻辑中,一个活动是由一系列动作按照指定顺序进行的,这些动作形成一个动作流,只有按照这个顺序依次执行,才能得到预期结果 在正常的流程里,这些动作是根据程序调用依次进行的,并不会被打乱,在接口测试时,需要考虑如果不安装时序执行,是否会出现问题 例如,客户端数据同步是由客户端触发进行的,期间的同步用户无法干预功能测试时可见的就是是否能正常进行同步,而进一步分析,同步流程实际涉及了一组动作: 从时序图可以看出,后台有3个接口:登录获取用户 ID、上报本地数据、上报本地冲突。三个接口需要依次调用执行,才能完成同步。那么在接口测试就可以考虑打乱上述接口的执行顺序去执行,会有怎样的结果,是否会出现异常。例如:获取用户 ID 后不上报本地数据而直接上报本地冲突

(2)测试用例设计示例

示例:接口模块—获取用户信息 2(添加 Headers)分析,如表 3.3.7 所示。

表 3.3.7　获取用户信息 2 测试用例设计

类别	设计分析			
请求参数	需要添加 header,Content-Type application/json			
	参数名	必选	类型	说明
	userid	是	string	用户 ID
用例设计方法（前置条件）	正确添加 Headers	请求参数正确：userid = 1 请求参数错误：userid = 10 或者其他值（2 位或以上,英文,特殊字符等） 请求参数为特殊值：空字符串		
	错误添加 Headers	请求参数正确：userid = 1 请求参数错误：userid = 10 或者其他值（2 位或以上,英文,特殊字符等）		
	不添加 Headers	请求参数正确：userid = 1 请求参数错误：userid = 10 或者其他值（2 位或以上,英文,特殊字符等）		

从表 3.3.5 获取用户信息 2 接口模块设计分析可以得到：该模块请求参数 userid（类型字符串,必选）,请求前需要添加前置条件 Headers,Content-Type = application/json。测试用例分析设计从正确添加 Headers、错误添加 Headers 和不添加 Headers 三个方面考虑,每个方面从请求参数正确、请求参数错误分析设计的测试用例,填写测试用例到项目测试用例表中。

3. 输出结果测试用例设计

接口处理正确的结果可能只有一个,但是错误异常返回结果有很多情况多值。如果知道返回结果有很多种,就可以针对不同结果设计用例。

例如提交积分任务时通常能想到的是返回正确和错误,错误可能想到：无效任务,无效登录态,但是不一定能完全覆盖所有错误码,通过接口返回定义的返回码,可以设计更多用例。

4. 测试用例示例

接口测试用例包括用例 ID、接口名称、用例标题、请求 URL、请求方法、前置条件、请求参数、预期响应、测试响应、是否通过、测试人等内容,具体测试用例模板如图 3.3.3 所示。

用例ID	接口名称	用例标题	请求URL	请求方法	前置条件	请求参数	预期响应	测试响应	是否通过	测试人	备注
Pro1-001	获取用户信息	GET请求获取用户信息成功	http://localhost:8081/get user	GET		userid=1	{ "code":200, "id": "1", "name":"小明", "age":18 }	{"code":200, "id": "1", "name":"小明", "age":18 }	是	xxx	
Pro1-002	获取用户信息	GET请求获取不存在用户信息	http://localhost:8081/get user	GET		userid=2	{ "code":500, "msg":"没有这个用户" }	{ "code":500, "msg":"没有这个用户" }	是	xxx	
Pro1-003	获取用户信息	GET请求不传参数	http://localhost:8081/get user	GET			{ "code":500, "msg":"非法用户" }	{ "code":500, "msg":"非法用户" }	是	xxx	
Pro1-004	获取用户信息	GET请求参数值为负数	http://localhost:8081/get user	GET		userid=-1	{ "code":500, "msg":"没有这个用户" }	{ "code":500, "msg":"没有这个用户" }	是	xxx	
Pro1-005	获取用户信息	GET请求参数值为负数	http://localhost:8081/get user	GET		userid=admin	{ "code":500, "msg":"非法用户" }	{ "code":500, "msg":"非法用户" }	是	xxx	

图 3.3.3　接口测试用例模板

二、计划与决策

1. 计划

根据工作任务描述和资讯内容,对工作任务进行分解,按照任务执行的顺序填写任务实施计划表,见表3.3.8。

表3.3.8　任务实施计划表

项目三	Python 自动化测试用户管理系统		
典型工作环节三	设计测试用例		
计划制订方式			
序号	工作步骤	实施人	注意事项
1			
2			
3			
4			
5			
6			
7			
8			
9			

2. 决策

(1)获取用户信息测试用例设计方法

根据项目 API 文档和测试计划中第 3 部分获取用户信息测试功能点及重点,分析确定测试用例设计方法,并将结果填写到表 3.3.9 和表 3.3.10 中。

表 3.3.9 获取用户信息（GET 方法）用例设计方法表

类别	设计分析	
请求参数		
用例设计方法		

表 3.3.10 获取用户信息（POST 方法）用例设计方法表

类别	设计分析	
请求参数		
用例设计方法		

（2）获取用户信息 2 测试用例设计方法

根据项目 API 文档和测试计划中第 3 部分获取用户信息 2 测试功能点及重点，分析确定测试用例设计方法，并将结填写到表 3.3.11 中。

表 3.3.11 获取用户信息 2 测试用例方法表

类别	设计分析
请求参数	

续表

类别	设计分析
用例设计方法	

（3）获取用户余额测试用例设计方法

根据测试计划中第 3 部分获取用户余额测试功能点及重点，分析确定测试用例设计方法，并将结果填写到表 3.3.12 中。

表 3.3.12　获取用户余额测试用例方法表

类别	设计分析
请求参数	
用例设计方法	

（4）修改用户余额测试用例设计方法

根据测试计划中第 3 部分修改用户余额测试功能点及重点，分析确定测试用例设计方法，并将结果填写到表 3.3.13 中。

表 3.3.13　修改用户余额测试用例方法表

类别	设计分析
请求参数	

续表

类别	设计分析	
用例设计方法		

（5）修改用户余额 2 测试用例设计方法

根据测试计划中第 3 部分修改用户余额 2 测试功能点及重点，分析确定测试用例设计方法，并将结果填写到表 3.3.14 中。

表 3.3.14　修改用户余额 2 测试用例方法表

类别	设计分析	
请求参数		
用例设计方法		

（6）上传文件测试用例设计方法

根据测试计划中第 3 部分上传文件测试功能点及重点，分析确定测试用例设计方法，并将结果填写到表 3.3.15 中。

表 3.3.15　上传文件测试用例方法表

类别	设计分析
请求参数	

续表

类别	设计分析	
用例设计方法		

三、工作任务实施

1. 获取用户信息 1 测试用例设计

根据获取用户信息 1 测试功能点及重点设计测试用例设计方法表,填写获取用户信息 1 测试用例设计表,见表 3.3.16。

表 3.3.16　获取用户信息 1(GET 方法)用例设计

类别	设计方法	内容
字符串长度		
字符串内容		

表 3.3.17　获取用户信息 1(POST 方法)用例设计

类别	设计方法	内容
字符串长度		
字符串内容		

2. 获取用户信息2测试用例设计

根据获取用户信息2测试功能点及重点设计测试用例方法表,填写获取用户信息2的测试用例设计表(表3.3.18)。

表 3.3.18　获取用户信息 2 用例设计

类别	设计方法	内容
正确添加 Headers		
错误添加 Headers		

续表

类别	设计方法	内容
不添加 Headers		

3. 获取用户余额测试用例设计

根据获取用户余额测试功能点及重点设计测试用例设计方法表,填写获取用户余额测试用例设计表(表3.3.19)。

表3.3.19　获取用户余额用例设计

类别	设计方法	内容
字符串长度		
字符串内容		

4. 修改用户余额1测试用例设计

根据修改用户余额1测试功能点及重点设计测试用例方法表,填写修改用户余额1的测试用例设计表(表3.3.20)。

表 3.3.20　修改用户余额 1 用例设计

类别	设计方法	内容
正确添加权限用户名和密码		
错误添加权限用户名和密码		
不添加权限的用户和密码		
数值型参数（money）		

5. 修改用户余额 2 测试用例设计

根据修改用户余额 2 测试功能点及重点设计测试用例方法表，填写修改用户余额 2 的测试用例设计表（表 3.3.21）。

表 3.3.21　修改用户余额 2 用例设计

类别	设计方法	内容
正确添加 Cookies		
错误添加 Cookies		
不添加 Cookies		
数值型参数（money）		

6. 上传文件测试用例设计

根据上传文件测试功能点及重点设计测试用例设计决策表,填写上传文件测试用例设计表(表 3.3.22)。

表 3.3.22　上传文件用例设计

类别	设计方法	内容
字符串长度		
字符串内容		

四、检查与评价

表 3.3.23　学习行动检查与评价表

项目三	Python 自动化测试用户管理系统			
典型工作环节三	设计测试用例			
序号	具体任务	分值标准	学生自评	组内互评
1	设计获取用户信息 GET 测试用例	10		
2	设计获取用户信息 POST 测试用例	10		
3	设计获取用户信息 2 测试用例	10		
4	设计获取用户余额测试用例	10		
5	设计修改用户余额测试用例	10		
6	设计修改用户余额 2 测试用例	10		
7	设计上传文件测试用例	10		
8	设计过程保持安静	10		

续表

序号	具体任务	分值标准	学生自评	组内互评
9	设计分析认真、严格按照流程进行	10		
10	测试用例表填写正确、完整	10		
	最终得分	100		
学生反思				
教师点评				

五、巩固练习

①本项目中用到哪些测试用例设计方法?

②接口测试用例设计从哪几个方面考虑?

③常见的接口输入参数类型有哪些?

典型工作环节四　执行测试用例

工作任务单(表3.4.1)

表3.4.1　工作任务单

项目三	Python 自动化测试用户管理系统		
典型工作环节四	执行测试用例	学时	8 学时
任务描述	(1)学习 Requests 库的基本知识 (2)使用 Requests 进行 http 请求测试编程 (3)编写项目各模块测试用例程序 (4)添加各测试用例断言代码,并运行程序 (5)分析程序运行结果,填写测试用例结果表 (6)编写基于 Unittest 框架下模块测试用例程序 (7)生成 html 自动化测试报告 (8)填写完整项目接口测试用例表		

续表

学习目标	（1）了解 Requests 库的方法和属性 （2）熟练使用 Python 的 Request 库进行 http 请求测试编程 （3）掌握 Python 种 JSON 数据引用方法 （4）编写项目各模块测试用例测试和断言判断的程序 （5）掌握 Pycharm 调试和运行 Python 程序方法 （6）了解 Unittest 框架原理和自带断言使用方法 （7）使用 Unittest 框架编写各模块测试用例方法 （8）填写完整的项目接口测试用例表
提交成果	（1）任务实施计划表 （2）测试用例检查点决策表 （3）项目测试用例测试结果表 （4）项目测试用例表

一、资讯

1. Requests 库的使用

（1）Requests 库常用的方法（表 3.4.2）

表 3.4.2　Requests **库常用的方法**

方法	说明
Requests. request( )	构造一个请求，支撑以下各种方法的基础方法
Requests. get( )	获取 HTML 网页的主要方法，对应 HTTP 的 GET
Requests. head( )	获取 HTML 网页头信息的方法，对应 HTTP 的 HEAD
Requests. post( )	向 HTML 网页提交 POST 请求的方法，对应 HTTP 的 POST
Requests. put( )	向 HTML 网页提交 PUT 请求的方法，对应 HTTP 的 PUT
Requests. patch( )	向 HTML 网页提交局部修改请求的方法，对应 HTTP 的 PATCH
Requests. delete( )	向 HTML 网页提交删除请求，对应 HTTP 的 DELETE

（2）Response 对象的属性（表 3.4.3）

表 3.4.3　Response **对象的属性**

属性	说明
Response. text	响应信息的内容（字符串形式）
Response. content	响应信息的内容（二进制形式）
Response. status_code	获取响应的状态码
Response. url	获取请求链接地址

续表

属性	说明
Response. cookies	获取返回的 cookies 信息
Response. cookies. get_dict( )	获取防护的 cookies 信息
Response. request	获取请求方式

2. Requests 库编程示例

（1）无参数 GET 请求

以百度首页为例，在 PyCharm 软件中用 Python 编程完成发送无参数的 GET 请求。

具体步骤如下：

①打开 Pycharm 软件，单击 File→New Project.... 创建项目，选择路径、环境等，如图 3.4.1 所示。

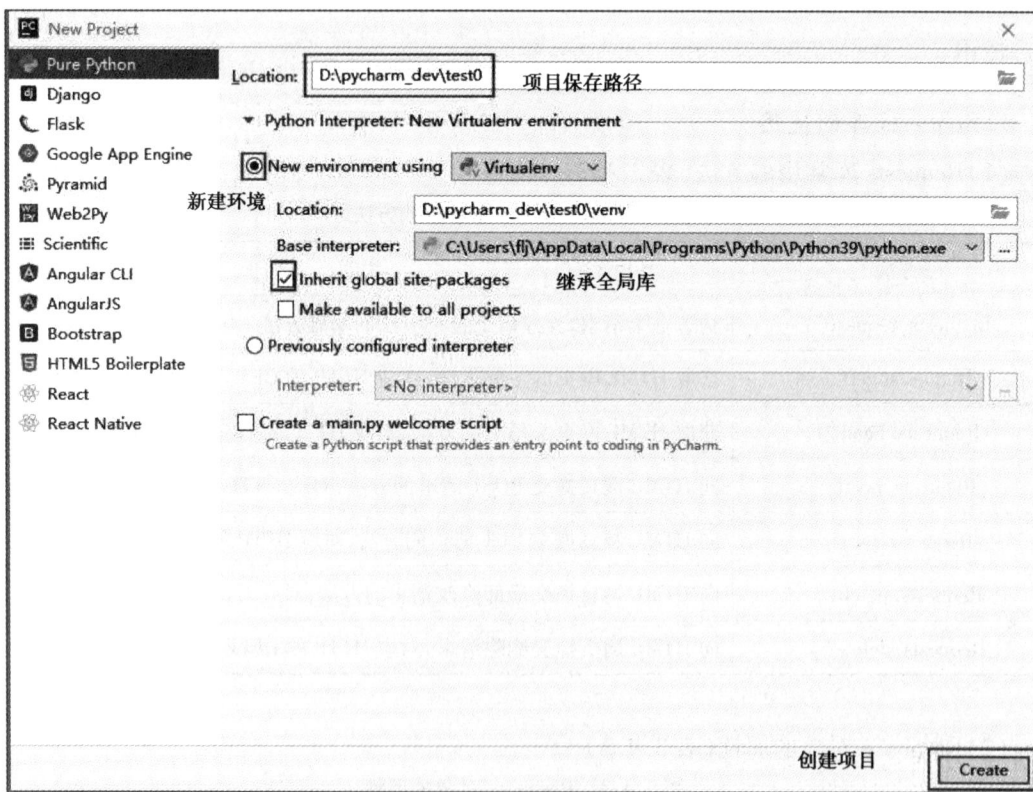

图 3.4.1　创建项目

②单击 File 菜单中 Setting（设置），单击 Python 解释器，选择 Python 解释器路径，同时可以看到 requests 库已经安装如图 3.4.2 所示，单击 OK。

③在工程文件夹上右击，选择 New→Python File，在出现对话框中填写 test0. py 文件名。在程序编辑区输入图 3.4.3 所示的代码。

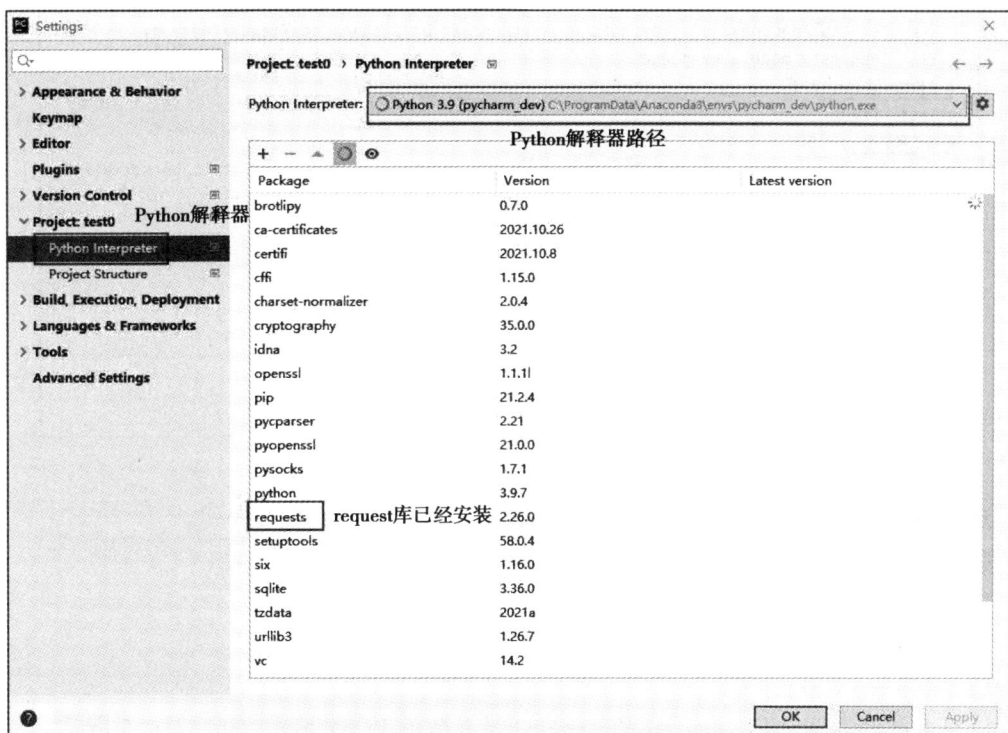

图 3.4.2　选择 Python 解释器

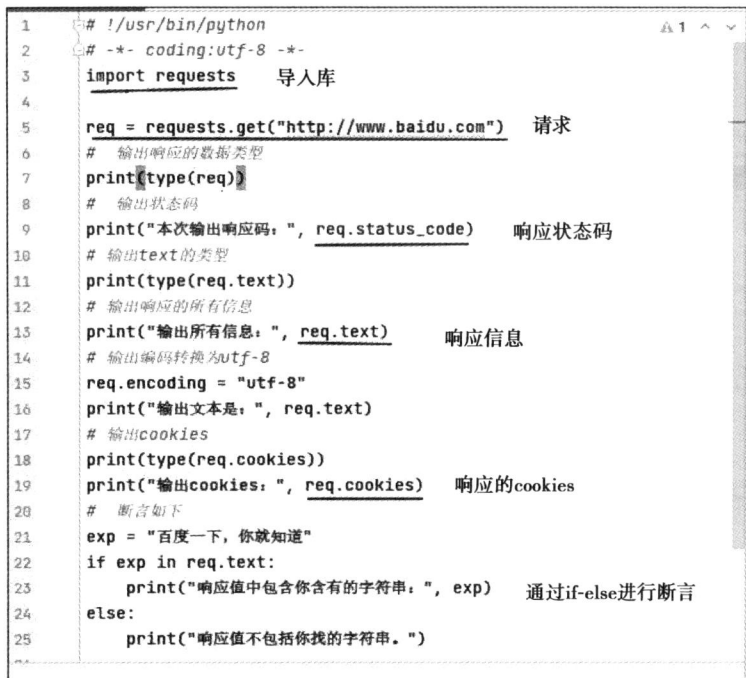

图 3.4.3　无参数 GET 请求

④在主工具栏上单击运行或者程序编辑区右击运行 test0. py,结果如图 3.4.4 所示。
从运行的结果可以看到:

■本次请求响应码:200。

```
C:\ProgramData\Anaconda3\envs\pycharm_dev\python.exe D:/pycharm_dev/test0/test0.py
<class 'requests.models.Response'>
本次输出响应码: 200        1
<class 'str'>
输出所有信息: <!DOCTYPE html>       2
<!--STATUS OK--><html> <head><meta http-equiv=content-type content=text/html;charset=utf-8><

输出文本是: <!DOCTYPE html>        3
<!--STATUS OK--><html> <head><meta http-equiv=content-type content=text/html;charset=utf-8><

<class 'requests.cookies.RequestsCookieJar'>
输出cookies: <RequestsCookieJar[<Cookie BDORZ=27315 for .baidu.com/>]>     4
响应信息包含字符串: 百度一下，你就知道      5

Process finished with exit code 0
```

图 3.4.4　程序运行结果

■输出响应信息：字符串、html 格式、中文显示是乱码。

■输出文本：输出信息转换成 utf-8 格式后，中文显示正常。

■输出 cookies：如图 3.4.4 所示。

■断言结果：响应信息包含字符串。

（2）带参数 POST 请求

以百度翻译为例，用 Python 编程完成发送带参数的 POST 请求，如图 3.4.5 所示。

图 3.4.5　带参数 POST 请求和响应结果

①请求参数需要定义一个字典,以字典形式提交请求参数到函数的 params 参数表中。

②如果输出结果转换成 JSON 格式,利用 requests 库中的 response. json( )方法。

③Python 中字典的引用

例1:

```
dict = {
            'Name':'Zara',
            'Age':7,
            'Class':'First'
         }
print("dict['Age']:",  dict['Age'])   # 输出结果 dict['Age']:7
```

例2:

```
dict = {
        "from":"en",
        "to":"zh",
        "trans_result":[
            {
                "src":"apple",
                "dst":"苹果"
            }
        ]
     }
print("from:",dict['from'])     # 输出结果 from:en
print("翻译的结果:",dict['trans_result'][0]['dst'])     # 输出结果翻译结果:
苹果
```

3. Unittest 的概述和原理

Unittest 框架是 python 自带的一套测试框架,一般可以用它做单元测试,经常应用到 UI 自动化测试和接口的自动化测试中,它作为自动化测试框架,用来管理和维护用例组织脚本。Unittest 框架最核心的四个要素如下:

①TestCase:就是我们的测试用例,Unittest 中提供了一个基本类 TestCase,可以用来创建新的测试用例,一个 TestCase 的实例就是一个测试用例。Unittest 中测试用例方法都是以 test 开头的,且执行顺序会按照方法名的 ASCII 值排序。

②TestFixure:测试夹具,用于测试用例环境的搭建和销毁。即用例测试前准备环境的搭建(SetUp 前置条件),测试后环境的还原(TearDown 后置条件),比如测试前需要登录获取 token 等就是测试用例需要的环境,运行完后执行下一个用例前需要还原环境,以免影响下一条用例的测试结果。

③TestSuite:测试套件,用来把需要一起执行的测试用例集中放到一起执行,相当于一个篮子,可以使用 TestLoader 来加载测试用例到测试套件中。

④TestRunner:用来执行测试用例的,并返回测试用例的执行结果。它还可以用图形或者文本接口,把返回的测试结果更形象地展现出来,如 HTMLTestRunner。

TestLoader:用来加载 testcase 到 testsuite 中。

4. Unittest 框架中的断言

（1）自带断言

Unittest 中提供了丰富的断言方法,可以在程序中直接使用,自带断言,如图3.4.6 所示。

方法	检查
assertEqual(a, b,msg=None)	a ==b
assertNotEqual(a, b)	a !=b
assertTrue(x)	bool(x) is True
assertFalse(x)	Bool(x) is False
assertIs(a, b)	a is b
assertIsNot(a, b)	a is not b
assertIsNone(x)	x is None
assertIsNotNone(x)	x is not None
assertIn(a, b)	a in b
assertNotIn(a, b)	a not in b
assertIsInstance(a, b)	isinstance(a,b)
assertNotIsInstance(a, b)	not isinstance(a,b)

图 3.4.6   Unittest 断言

（2）断言例子

如图3.4.7 所示为 Unittest 断言的例子。

（3）通过程序判断进行结果断言

Python 程序也可以使用程序判断实现对结果断言,通常用 If else 语句,如果程序执行异常,使用异常捕获的关键字:try…except。

5. Unittest 测试框架使用方法

①用 import unittest 导入 unittest 模块。

②定义一个继承自 unittest. TestCase 的测试用例类,如 class xxx(unittest. TestCase)。

③定义 setUp 和 tearDown,这两个方法会在每个测试 case 执行前先执行 setUp 方法,执行完毕后执行 tearDown 方法。如果希望 setUp 和 tearDown 只是开始和结束执行一次,需要把这两种方法定义为类。

④定义测试用例,名字以 test 开头,unittest 会自动将 test 开头的方法放入测试用例集中。

⑤一个测试用例应该只测试一个方面,测试目的和测试内容应很明确。主要是调用 assertEqual、assertRaises 等断言方法判断程序执行结果和预期值是否相符。

⑥调用 unittest. main( )启动测试。

⑦如果测试未通过,则会显示 e,并给出具体的错误(此处为程序问题导致)。如果测试失败则显示为 F,测试通过显示为". ",如有多个 testcase,则结果依次显示。

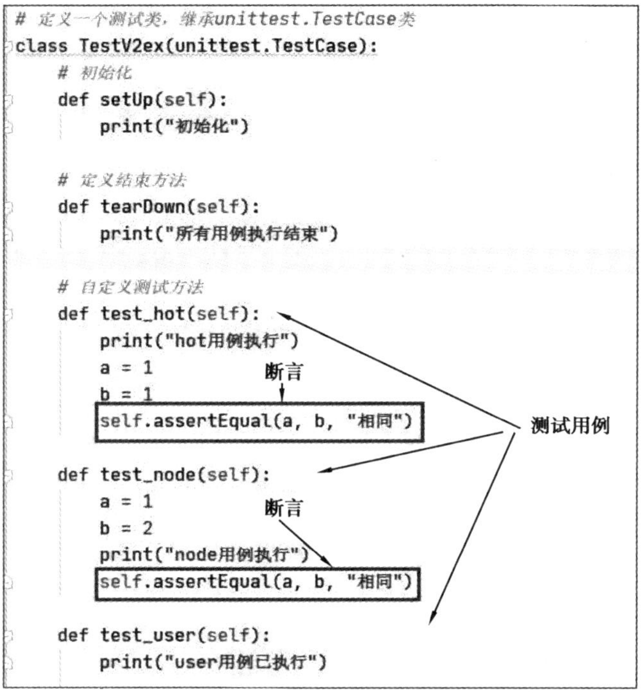

```
# 定义一个测试类, 继承unittest.TestCase类
class TestV2ex(unittest.TestCase):
    # 初始化
    def setUp(self):
        print("初始化")

    # 定义结束方法
    def tearDown(self):
        print("所有用例执行结束")

    # 自定义测试方法
    def test_hot(self):
        print("hot用例执行")
        a = 1
        b = 1                断言
        self.assertEqual(a, b, "相同")

    def test_node(self):
        a = 1
        b = 2                断言
        print("node用例执行")
        self.assertEqual(a, b, "相同")

    def test_user(self):
        print("user用例已执行")
```

测试用例

图 3.4.7　断言例子

二、计划与决策

1. 计划

根据工作任务描述和资讯内容,对工作任务进行分解,按照任务执行的顺序填写任务实施计划表(表 3.4.4)。

表 3.4.4　任务实施计划表

项目三	Python 自动化测试用户管理系统		
典型工作环节四	执行测试用例		
计划制订方式			
序号	工作步骤	实施人	注意事项
1			
2			
3			
4			

续表

序号	工作步骤	实施人	注意事项
5			
6			
7			
8			
9			

2. 决策

分析项目接口测试 API 文档和接口模块测试用例,为测试用例设置检查点(断言),填写到测试用例检查点决策表中(表3.4.5)。

表 3.4.5 测试用例检查点决策表

测试用例 id	接口模块名称	用例标题	检查点 1	检查点 2
Pro3-001	获取用户信息	GET 请求获取用户信息成功	响应信息与预期是否一致	响应码是否为 200

三、工作任务实施

用 Pycharm 编写测试测试脚本,并运行测试脚本,对测试脚本和运行结果截图,填写到测试用例结果表中,同时填写测试用例表相关项见表 3.4.6—表 3.4.16。(如果测试用例多,请自行添加表格)

用 Python 自带 Unittest 框架编写项目自动化测试脚本,并生成网页版测试报告,把测试脚本和运行结果截图,填写自动化测试用例结果表。

表 3.4.6　测试用例:Pro3-001

内容	截图
程序代码	
运行结果	
是否通过	

表 3.4.7　测试用例:Pro3-002

内容	截图
程序代码	
运行结果	
是否通过	

表 3.4.8　测试用例:Pro3-003

内容	截图
程序代码	
运行结果	
是否通过	

表 3.4.9　测试用例:Pro3-004

内容	截图
程序代码	
运行结果	
是否通过	

表 3.4.10　测试用例:Pro3-005

内容	截图
程序代码	

续表

内容	截图
运行结果	
是否通过	

表 3.4.11　测试用例:Pro3-006

内容	截图
程序代码	
运行结果	
是否通过	

表 3.4.12　测试用例:Pro3-007

内容	截图
程序代码	
运行结果	
是否通过	

表 3.4.13　测试用例:Pro3-008

内容	截图
程序代码	
运行结果	
是否通过	

表 3.4.14　测试用例:Pro3-009

内容	截图
程序代码	
运行结果	
是否通过	

表 3.4.15　测试用例:Pro3-010

内容	截图
程序代码	

续表

内容	截图
运行结果	
是否通过	

表 3.4.16　Unittest 框架自动化测试

内容	截图	
程序代码		
运行结果		
测试报告		
通过数量		未通过数量	

四、检查与评价

表 3.4.17　学习行动检查与评价表

项目三	Python 自动化测试用户管理系统		
典型工作环节四	执行测试用例		
序号	具体任务	分值标准	学生自评	组内互评
1	在 Pycharm 软件中新建项目,配置项目环境	5		
2	编写获取用户信息(GET 方法)测试脚本,运行查看结果	10		
3	编写获取用户信息(POST 方法)测试脚本,运行查看结果	10		
4	编写获取用户信息 2 测试脚本,运行查看结果	10		
5	编写查询用户余额测试脚本,运行查看结果	10		
6	编写修改用户余额测试脚本,运行查看结果	10		
7	编写修改用户余额 2 测试脚本,运行查看结果	10		
8	编写上传文件测试脚本,运行查看结果	10		
9	编写 Unittest 自动化测试脚本,运行查看结果	20		
10	生成网页版自动化测试报告	5		
最终得分		100		
学生反思				
教师点评				

五、巩固练习

①什么是单元测试?
②为什么要做单元测试?

典型工作环节五　编写测试报告

工作任务单(表3.5.1)

表3.5.1　工作任务单

项目三	Python 自动化测试用户管理系统		
典型工作环节五	编写测试报告	学时	2 学时
任务描述	(1)确定测试报告主要内容 (2)分析项目模块自动化测试报告 (3)统计项目测试用例执行结果和 Bug 数量 (4)编写项目测试总结报告		
学习目标	(1)了解软件测试总结包含主要内容 (2)分析项目模块自动化测试报告 (3)编写项目测试总结报告		
提交成果	(1)任务实施计划决策表 (2)项目测试总结报告		

一、资讯

项目的测试总结报告包括:测试概述、测试参考文档、测试组成员、测试设计介绍、测试进度、测试用例汇总、Bug 汇总、测试结论等。测试总结报告目录如图 3.5.1 所示。

图 3.5.1　测试总结报告目录

二、计划与决策

根据任务描述和资讯内容,通过网络搜索查询测试总结报告每部分编写主要内容,填写任务实施计划决策表(表3.5.2),表中测试总结报告标题按照任务实施顺序填写。

表3.5.2　任务实施计划决策表

项目三	Python 自动化测试用户管理系统		
典型工作环节五	编写测试报告		
计划决策方式			
序号	工作步骤	主要内容	编写人
1			
2			
3			
4			
5			
6			
7			
8			

三、工作任务实施

1. 测试概述

填写测试概述(表3.5.3)

表3.5.3　编写目的和项目背景

类别	内容
编写目的	

续表

类别	内容
项目背景	

2.测试参考文档

接口测试 API 文档、测试计划、测试用例、测试 Bug 缺陷报告清单。

3.项目组成员

填写项目组成员表(表3.5.4)

表 3.5.4　项目成员和分工表

角色	人员	主要职责
测试负责人		
测试员		
测试员		

4.测试设计介绍

(1)测试用例设计方法(表3.5.5)

表 3.5.5　测试用例设计方法表

序号	接口名称	测试用例设计方法
1	获取用户信息(GET)	
2	获取用户信息(POST)	
3	获取用户信息2	
4	获取用户余额	

续表

序号	接口名称	测试用例设计方法
5	修改用户余额	
6	修改用户余额2	
7	上传文件	

（2）测试环境与配置（表3.5.6）

表3.5.6　测试环境和配置表

类别	资源名称	资源说明
硬件环境	工作机	
	服务器	
软件环境	工作机操作系统	
	服务器操作系统	
测试工具	Python、Pycharm	
	Requests 库	
	截图工具	

（3）测试方法（表3.5.7）

表3.5.7　测试方法表

序号	测试名称	测试内容
1	黑盒测试	
2	白盒测试	
3	灰盒测试	
4	自动化测试	

5. 测试进度

填写测试进度表(表3.5.8)

表3.5.8　测试进度表

测试阶段	实际时间安排	参与人员	实际测试工作安排
需求分析			
编写测试计划			
编写测试用例			
第一遍 Web 全面测试			
回归测试			
测试总结报告			

6. 测试用例汇总

填写测试用例汇总表(表3.5.9)

表3.5.9　测试用例汇总表

序号	接口名称	测试用例总数	用例编写人	执行人	测试用例通过数量
0	登录	10	01_张三	01_张三	
1	获取用户信息1				
2	获取用户信息2				
3	获取用户余额				
4	修改用户余额1				
5	修改用户余额2				
6	上传文件				
用例合计(个)			—	—	

7. Bug 汇总

填写 Bug 汇总表(表3.5.10)

表3.5.10　Bug 汇总表

序号	接口名称	按 Bug 严重程度个数					
		P1	P2	P3	P4	P5	合计
1	获取用户信息1						
2	获取用户信息2						
3	获取用户余额						
4	修改用户余额1						
5	修改用户余额2						

续表

序号	接口名称	按 Bug 严重程度个数					
		P1	P2	P3	P4	P5	合计
6	上传文件						
合计(个)							

8.测试结论

根据前面的测试用例汇总、Bug 汇总和测试过程遇到问题,填写测试结论表(表3.5.11)。

表 3.5.11　测试结论表

类别	内容
测试总结	
测试质量评价	
遇到问题	
测试收获	

填表说明:

①测试总结包括项目测试类型(功能测试、性能测试等),测试的模块数量,设计编写多少测试用例,测试用例通过率。

②测试质量评价包括测试系统的 Bug 数量,影响系统正常运行的 Bug(P1、P2、P3)数量,影响用户体验的 Bug(P4、P5)数量,系统整体存在的问题,是否需要进行回归测试,系统是否可以发布或上线等。

四、检查与评价

表 3.5.12　学习行动检查与评价表

项目三	Python 自动化测试用户管理系统			
典型工作环节五	编写测试报告			
序号	具体任务	分值标准	学生自评	组内互评
1	编写测试目标	5		
2	编写项目背景	5		

续表

序号	具体任务	分值标准	学生自评	组内互评
3	编写参考文档	5		
4	填写测试用例方法	5		
5	填写测试环境和配置	5		
6	编写测试方法	10		
7	填写测试进度表	10		
8	统计并填写测试用例汇总表	10		
9	统计并填写 Bug 汇总表	10		
10	编写测试结论	10		
11	编写过程保持安静	5		
12	测试报告符合要求并完整	10		
13	编写的报告符合行业规范	10		
最终得分		100		
学生反思				
教师点评				

五、巩固练习

①测试总结包括内容有哪些?

②测试质量包括哪些内容?

参考文献

［1］Storm.接口自动化测试持续集成[M].北京:人民邮电出版社,2019.

［2］王浩然.Python 接口自动化测试[M].北京:电子工业出版社,2019.